高等院校计算机任务驱动教改教材

C#面向对象程序设计

（微课版）

张浩然　靳　冲　江泽锋　丁允超　冷亚洪　编著

清华大学出版社
北京

内容简介

本书作为面向对象程序设计的教程，系统、全面地介绍了有关 C# 程序开发所涉及的知识。全书共分 13 章，内容包括 C# 和 Visual C# 开发环境、C# 语法基础，面向对象程序设计概述，委托和事件，程序调试与异常处理，集合、索引器、泛型，LINQ 技术，Windows 应用程序开发，ADO.NET 编程，文件操作，网络编程，多线程编程和一个"外星人入侵"的游戏综合实例。全书每章均包含大量的案例，将理论知识与实例紧密结合，达到了学以致用的目的。

本书紧紧围绕"理论知识＋开发案例"的模式进行编写，在第 13 章中以一个完整的项目为主线，将面向对象的编程思想应用于实际项目开发中。本书注重基础，内容丰富，相关案例和项目代码十分完整，适合作为应用型本科及职业院校计算机、软件工程等专业的教材，也可供 C# 初学者参考阅读。

本书封面贴有清华大学出版社防伪标签，无标签者不得销售。
版权所有，侵权必究。举报：010-62782989，beiqinquan@tup.tsinghua.edu.cn。

图书在版编目(CIP)数据

C# 面向对象程序设计：微课版/张浩然等编著. —北京：清华大学出版社，2020.4(2025.1重印)
高等院校计算机任务驱动教改教材
ISBN 978-7-302-55027-3

Ⅰ.①C… Ⅱ.①张… Ⅲ.①C 语言-程序设计-高等职业教育-教材 Ⅳ.①TP312.8

中国版本图书馆 CIP 数据核字(2020)第 039987 号：

责任编辑：张龙卿
封面设计：范春燕
责任校对：李 梅
责任印制：刘海龙

出版发行：清华大学出版社
网　　址：https://www.tup.com.cn，https://www.wqxuetang.com
地　　址：北京清华大学学研大厦 A 座　　　　邮　编：100084
社 总 机：010-83470000　　　　　　　　　　邮　购：010-62786544
投稿与读者服务：010-62776969，c-service@tup.tsinghua.edu.cn
质量反馈：010-62772015，zhiliang@tup.tsinghua.edu.cn
课件下载：https://www.tup.com.cn，010-83470410
印 装 者：三河市铭诚印务有限公司
经　　销：全国新华书店
开　　本：185mm×260mm　　　印　张：17.75　　　字　数：428 千字
版　　次：2020 年 4 月第 1 版　　　　　　　　印　次：2025 年 1 月第 5 次印刷
定　　价：56.00 元

产品编号：083327-01

前 言

自 20 世纪 80 年代广泛应用面向对象的程序设计方法以来,软件开发行业慢慢摆脱了"行业危机",开始进入良性循环的发展阶段。长期以来,人们在肯定面向对象程序设计方法的同时,不断地进行改进、完善,使其成为一种科学化、人性化、规范化的软件开发方法。作为一名高等学校计算机及相关专业的本科学生来说,掌握面向对象的程序设计方法已经成为基本的专业要求。为此,我们编写了本书,希望能够对"面向对象程序设计"这门课程的教与学有一定的帮助。

本书根据"面向对象程序设计"课程的教学大纲要求,首先阐述面向对象程序设计方法的相关概念,然后选择具有典型特征的案例,让学生利用 C♯语言来实现案例要求从而掌握面向对象程序设计的基本方法,并且学会利用 C♯程序设计语言编写具有面向对象特征的程序代码,从中体会面向对象程序设计的精髓。本书具有以下特点。

(1) 本书由浅入深,结构完整,详略得当,易学易懂。

(2) 针对学习过程中容易混淆的编程知识,采取了对比分析的阐述方式,并通过案例效果对比加深理解。

(3) 为多种教学方法提供了素材,这些教学方法包括案例教学法、项目教学法、讲授法。

(4) 配备了大量的开发案例,并提供开源的源代码和示例数据库,为读者的学习提供了方便。案例描述步骤详细,图文并茂,易于理解和实践操作。

(5) 本书最后一章介绍了"外星人入侵"游戏的开发,从需求分析、系统设计到编码实现,过程描述详细、完整,将面向对象程序设计知识充分融入项目中,使读者能够更深刻地理解面向对象程序设计的相关知识。

(6) 本书有利于培养学生的实践能力,为面向工程教育认证的学生的毕业要求达成度、技能熟练度的培养体系的构建做了强有力的支撑。

本书的编者均为具有多年项目开发、教学和科研经验的高校教师,经过多年的知识积累、沉淀,将开发经验毫无保留地展现给读者。所有例题均为实用性较强的真实案例,不是简单、枯燥的知识罗列。每章末还提供了作业题、思考题和上机实践题,以便于读者进一步巩固所学知识,方便教师布置作业和安排上机实验。

本书共分为 13 章,各章主要内容如下。

第 1 章主要对 C♯ 和 .NET 开发平台做了简单介绍,同时介绍了 Visual Studio 2013 开发环境和 C♯ 程序的基本结构。

第 2 章介绍了 C♯ 中的预定义数据类型和用户自定义的类型种类以及用法,然后讲解了 C♯ 中的运算符以及表达式的定义和用法,最后讲解了 C♯ 中程序的选择结构、循环结构及跳转结构的语法和使用。

第 3 章主要是对面向对象程序设计的基础知识进行了讲解。首先介绍了对象、类这些基本的概念,以及面向对象程序设计的三大基本原则;然后重点对类的定义、构造函数和方法进行了详细的讲解;又分别对封装、继承和多态进行讲解;最后讲解了接口的概念和使用。

第 4 章介绍了委托和事件的基本概念。委托是一种特殊的引用类型,它将方法作为特殊的对象进行封装、传递和调用。仅通过委托进行调用的方法可以定义为匿名方法。事件是类的特殊成员,它利用委托机制使对象对外界发生的情况做出响应。

第 5 章介绍了程序错误的分类,从宏观上分析了程序在编写过程中出现错误是难以避免的,然后详细介绍了解决程序错误的一些基本方法和技巧,最后讲解了异常的概念、解决异常的方法及自定义异常类的编写和使用。

第 6 章介绍了集合的相关概念和一些常用集合的使用,然后介绍了索引器的使用与属性的区别,最后详细介绍了泛型集合、泛型类、泛型方法、泛型接口的使用。

第 7 章主要介绍了 LINQ 的基础知识,重点介绍了 LINQ 查询表达式的常用操作。LINQ 技术是 C♯ 中的一种非常实用的技术,通过使用 LINQ 技术,可以在很大程度上方便程序开发人员对各种数据的访问。

第 8 章主要对 Windows 应用程序开发的知识进行了详细的讲解,包括 Windows 窗体的使用、常用的 Windows 控件的使用。本章所讲解的内容在开发 Windows 应用程序时是最基础、最常用的知识,尤其是 Windows 窗体及 Windows 控件的使用,读者一定要熟练掌握。

第 9 章主要介绍了 ADO.NET 编程相关知识。ADO.NET 中包括多个对象模型,本章详细介绍了 Connection、Command、DataReader、DataAdapter、Parameter、DataSet、DataTable 等对象的方法和属性。通过实现图书信息管理模块,介绍了简单三层架构的搭建,并介绍了如何将各个对象应用到模块的开发中。

第 10 章首先介绍了文件与流的基本概念;然后介绍了多种对话框的基本知识,并用简易写字板的案例加强读者对知识的理解;最后详细介绍了容易扩展的数据格式 XML 的创建、查询、删除、添加等方法。

第 11 章主要介绍了计算机网络的基础知识和一些常用的协议;然后着重分析讲解了网络编程中常用的内容;并使用这些类编写了简易聊天软件,以及发送和接收邮件的应用程序。

第 12 章首先对线程和多线程的概念进行了介绍,然后详细讲解了如何使用 System.Threading 命名空间编写多线程应用程序。应用程序中使用多线程要特别小心,多线程可以提高程序的执行效率,但是太多的线程会导致资源竞争和死锁,所以应提前做好规划。

第 13 章是"外星人入侵"游戏综合案例,是将控件的使用及面向对象的相关知识(包括类、对象、封装、继承、多态)综合应用到游戏实现过程中。通过本章的学习,读者可以从整体上进一步理解面向对象编程的概念,并加深对前面所学知识的理解和应用。

本书由重庆工程学院张浩然、靳冲、江泽锋、重庆城市管理职业学院丁允超和重庆工程学院冷亚洪编著。具体分工为：第 1 章和第 12 章由丁允超编写，第 2 章、第 5 章、第 6 章、第 10 章、第 11 章由靳冲编写，第 3 章和第 7 章由江泽锋编写，第 4 章、第 8 章、第 9 章、第 13 章由张浩然编写。张浩然负责全书的框架设计和统稿工作。冷亚洪参与了本书的审阅、勘误、代码验证及部分内容的修改工作。

本书的编写工作得到了学院领导和同事的大力支持和帮助，在此一并表示感谢。

在本书的编写过程中参考了许多相关的文献资料，在此向这些文献的作者表示衷心的感谢！由于编者水平有限，书中难免有错误和不足之处，恳请专家和广大读者批评、指正。

编著者

2020 年 2 月

目 录

第1章 C#和Visual C#开发环境 ……………………………… 1

1.1 C#语言简介 …………………………………………………… 1
1.1.1 C#的发展史 …………………………………………… 1
1.1.2 C#的特点 ……………………………………………… 1
1.2 .NET开发平台 ………………………………………………… 2
1.2.1 .NET概述 ……………………………………………… 2
1.2.2 .NET Framework的结构 ……………………………… 2
1.2.3 .NET Framework的优点 ……………………………… 3
1.3 Visual C#开发环境 …………………………………………… 4
1.3.1 标题栏 ………………………………………………… 5
1.3.2 菜单栏 ………………………………………………… 5
1.3.3 工具栏 ………………………………………………… 11
1.3.4 工具箱 ………………………………………………… 11
1.3.5 窗口 …………………………………………………… 12
1.3.6 新建应用程序 ………………………………………… 13
1.4 C#程序的基本结构 …………………………………………… 14
1.4.1 注释 …………………………………………………… 16
1.4.2 命名空间 ……………………………………………… 16
1.4.3 类型及其成员 ………………………………………… 16
1.4.4 程序主方法 …………………………………………… 17
1.4.5 程序集 ………………………………………………… 17
1.5 小结 …………………………………………………………… 18
习题 ……………………………………………………………… 18

第2章 C#语法基础 ……………………………………………… 19

2.1 数据类型 ……………………………………………………… 19
2.1.1 简单类型 ……………………………………………… 20
2.1.2 数组类型 ……………………………………………… 21
2.1.3 字符串类型 …………………………………………… 25

2.1.4 结构类型和枚举类型 ·· 26
　　2.1.5 数据类型转换 ·· 29
2.2 运算符和表达式 ·· 30
　　2.2.1 简单算术运算符 ·· 30
　　2.2.2 自增和自减运算符 ··· 31
　　2.2.3 赋值运算符 ·· 32
　　2.2.4 关系运算符 ·· 32
　　2.2.5 逻辑运算符 ·· 33
　　2.2.6 移位运算符 ·· 33
　　2.2.7 typeof 运算符 ··· 34
　　2.2.8 运算符优先级和结合性 ······································· 34
　　2.2.9 运算符的重载 ··· 34
2.3 控制结构 ··· 35
　　2.3.1 选择结构 ·· 35
　　2.3.2 循环结构 ·· 39
　　2.3.3 跳转结构 ·· 43
2.4 小结 ··· 44
习题 ··· 44

第3章 面向对象程序设计概述 ·· 47

3.1 面向对象的基本概念 ··· 47
　　3.1.1 对象 ·· 47
　　3.1.2 类 ··· 47
　　3.1.3 类与对象的关系 ·· 48
　　3.1.4 面向对象的特征 ·· 48
3.2 类的定义 ··· 49
　　3.2.1 类的声明和实例化 ··· 50
　　3.2.2 类的数据成员和属性 ·· 50
　　3.2.3 类的可访问性 ··· 52
　　3.2.4 值类型与引用类型 ··· 54
3.3 类的方法 ··· 55
　　3.3.1 方法的声明与调用 ··· 55
　　3.3.2 方法的参数传递 ·· 56
　　3.3.3 方法的重载 ·· 61
3.4 构造函数 ··· 64
　　3.4.1 构造函数的声明和调用 ······································· 64
　　3.4.2 构造函数的重载 ·· 66
　　3.4.3 对象的生命周期和析构函数 ································· 67
3.5 封装的概念及意义 ·· 68

  3.5.1 修饰符支持封装 ·················· 68
  3.5.2 使用属性封装 ·················· 70
 3.6 继承 ·················· 71
  3.6.1 基类和派生类 ·················· 71
  3.6.2 隐藏基类成员 ·················· 72
  3.6.3 base 关键字 ·················· 74
 3.7 多态性 ·················· 74
  3.7.1 虚拟方法 ·················· 75
  3.7.2 抽象类和抽象方法 ·················· 76
  3.7.3 密封类和密封方法 ·················· 77
 3.8 接口 ·················· 78
  3.8.1 接口的定义 ·················· 78
  3.8.2 接口的实现 ·················· 79
  3.8.3 接口与多态 ·················· 80
 3.9 小结 ·················· 81
 习题 ·················· 82

第 4 章 委托和事件 ·················· 84

 4.1 委托 ·················· 84
  4.1.1 委托的概念 ·················· 84
  4.1.2 委托的声明、实例化与使用 ·················· 84
  4.1.3 多路广播与委托的组合 ·················· 87
 4.2 事件 ·················· 88
  4.2.1 事件声明 ·················· 88
  4.2.2 订阅事件 ·················· 90
  4.2.3 触发事件 ·················· 91
 4.3 小结 ·················· 91
 习题 ·················· 92

第 5 章 程序调试与异常处理 ·················· 93

 5.1 程序错误 ·················· 93
  5.1.1 程序错误分类 ·················· 93
  5.1.2 调试程序错误 ·················· 95
 5.2 程序的异常处理 ·················· 97
  5.2.1 异常的概念 ·················· 97
  5.2.2 异常类 ·················· 97
  5.2.3 try-catch-finally 语句 ·················· 98
  5.2.4 throw 语句与抛出异常 ·················· 99
 5.3 小结 ·················· 101

习题 ……………………………………………………………………………………… 101

第6章 集合、索引器、泛型 ……………………………………………………… 103

6.1 集合 …………………………………………………………………………… 103
6.1.1 ArrayList ……………………………………………………………… 103
6.1.2 哈希表 ………………………………………………………………… 105
6.1.3 栈和队列 ……………………………………………………………… 106
6.2 索引器 ………………………………………………………………………… 108
6.2.1 索引器的定义与使用 ………………………………………………… 108
6.2.2 索引器与属性的比较 ………………………………………………… 110
6.3 泛型 …………………………………………………………………………… 110
6.3.1 泛型集合 ……………………………………………………………… 110
6.3.2 泛型类、泛型方法和泛型接口 ……………………………………… 112
6.4 小结 …………………………………………………………………………… 116
习题 ……………………………………………………………………………………… 116

第7章 LINQ技术 ………………………………………………………………… 117

7.1 什么是LINQ ………………………………………………………………… 117
7.2 LINQ提供程序 ……………………………………………………………… 118
7.3 匿名类型 ……………………………………………………………………… 118
7.4 方法语法和查询语法 ………………………………………………………… 120
7.5 查询变量 ……………………………………………………………………… 121
7.6 查询表达式的结构 …………………………………………………………… 121
7.6.1 获取数据源 …………………………………………………………… 122
7.6.2 筛选 …………………………………………………………………… 122
7.6.3 排序 …………………………………………………………………… 123
7.6.4 分组 …………………………………………………………………… 123
7.6.5 联结 …………………………………………………………………… 124
7.7 小结 …………………………………………………………………………… 125
习题 ……………………………………………………………………………………… 126

第8章 Windows应用程序开发 ………………………………………………… 127

8.1 Windows窗体介绍 …………………………………………………………… 127
8.1.1 添加窗体 ……………………………………………………………… 127
8.1.2 设置启动窗体 ………………………………………………………… 127
8.1.3 设置窗体属性 ………………………………………………………… 128
8.1.4 窗体常用方法 ………………………………………………………… 130
8.1.5 窗体常用事件 ………………………………………………………… 131
8.2 Windows控件的使用 ………………………………………………………… 132

        8.2.1　Control 类 ……………………………………………………… 132
        8.2.2　常用控件 ……………………………………………………… 134
    8.3　小结 …………………………………………………………………… 142
    习题 ………………………………………………………………………… 143

第 9 章　ADO.NET 编程 …………………………………………………… 144

    9.1　ADO.NET 概述 ………………………………………………………… 144
    9.2　ADO.NET 对象模型 …………………………………………………… 144
        9.2.1　Connection 对象 ……………………………………………… 144
        9.2.2　Command 对象 ………………………………………………… 145
        9.2.3　DataReader 对象 ……………………………………………… 146
        9.2.4　Parameter 对象 ………………………………………………… 147
        9.2.5　DataAdapter 对象 ……………………………………………… 148
        9.2.6　DataSet 对象 …………………………………………………… 148
    9.3　数据访问类——SqlHelper 类 ………………………………………… 149
    9.4　图书信息管理模块的实现 ……………………………………………… 152
        9.4.1　需求描述 ……………………………………………………… 152
        9.4.2　系统设计 ……………………………………………………… 152
        9.4.3　编码的实现 …………………………………………………… 154
    9.5　小结 …………………………………………………………………… 173
    习题 ………………………………………………………………………… 173

第 10 章　文件操作 ………………………………………………………… 174

    10.1　文件的输入/输出 ……………………………………………………… 174
        10.1.1　文件的输入/输出与流 ……………………………………… 174
        10.1.2　读/写文本文件 ……………………………………………… 175
        10.1.3　读/写二进制文件 …………………………………………… 177
        10.1.4　对象的序列化 ……………………………………………… 179
    10.2　文件操作控件 ………………………………………………………… 182
        10.2.1　SaveFileDialog 和 OpenFileDialog 控件 …………………… 182
        10.2.2　FolderBrowseDiolog、ColorDialog、FontDialog 控件 …… 184
        10.2.3　应用实例——简易写字板 ………………………………… 184
    10.3　XML 文档编程 ………………………………………………………… 188
        10.3.1　XML 概述 …………………………………………………… 189
        10.3.2　XML 文档的创建 …………………………………………… 189
        10.3.3　XML 文档的查询 …………………………………………… 193
        10.3.4　XML 文档的编辑 …………………………………………… 194
    10.4　小结 …………………………………………………………………… 196
    习题 ………………………………………………………………………… 196

第 11 章 网络编程 …… 197

11.1 计算机网络基础 …… 197
11.1.1 网络协议介绍 …… 197
11.1.2 套接字介绍 …… 198

11.2 网络编程基础 …… 201
11.2.1 常见类概述 …… 201
11.2.2 System.Net.Sockets 命名空间中相关类的使用 …… 204
11.2.3 System.Net.Mail 命名空间中相关类的使用 …… 212

11.3 小结 …… 219
习题 …… 219

第 12 章 多线程编程 …… 221

12.1 线程概述 …… 221
12.1.1 多线程工作方式 …… 221
12.1.2 何时使用多线程 …… 222

12.2 线程的基本操作 …… 223
12.2.1 线程的创建与启动 …… 223
12.2.2 线程的挂起与恢复 …… 224
12.2.3 线程休眠 …… 225
12.2.4 线程终止 …… 225
12.2.5 线程的优先级 …… 227

12.3 线程同步 …… 228
12.3.1 lock 关键字 …… 228
12.3.2 线程监视器——Monitor 类 …… 229
12.3.3 子线程访问主线程的控件 …… 230

12.4 线程池 …… 232
12.4.1 线程池管理 …… 232
12.4.2 ThreadPool 类的几个关键方法 …… 234
12.4.3 线程池使用限制 …… 234

12.5 定时器 …… 234
12.6 互斥对象——Mutex 类 …… 235
12.7 小结 …… 237
习题 …… 237

第 13 章 综合实例——"外星人入侵"游戏 …… 238

13.1 需求分析 …… 238
13.1.1 游戏概述 …… 238
13.1.2 功能描述 …… 238

13.2 系统设计 ··· 238
　　13.2.1 开发环境 ·· 238
　　13.2.2 功能层次图 ·· 239
　　13.2.3 类设计 ··· 239
　　13.2.4 界面设计 ·· 242
13.3 编码实现 ··· 243
　　13.3.1 新建项目 ·· 243
　　13.3.2 添加类 ··· 244
　　13.3.3 添加用户控件 ·· 254
　　13.3.4 添加游戏主界面 ·· 260
13.4 小结 ·· 269
思考 ··· 269

参考文献 ·· 270

第 1 章 C# 和 Visual C# 开发环境

1.1 C♯语言简介

C♯是微软公司为配合.NET 战略推出的一门通用的面向对象的编程语言,主要用于开发运行在.NET 平台上的应用程序。C♯的语言体系都构建在.NET 框架上。

1.1.1 C♯的发展史

C♯读作 C Sharp。1998 年,Anders Hejlsberg(Delphi 和 Turbo Pascal 语言的设计者)及他的微软开发团队开始设计 C♯语言的第一个版本。2000 年 9 月,ECMA(国际信息和通信系统标准化组织)成立了一个任务组,着力为 C♯编程语言定义一个开发标准。据称,其设计目标是开发"一个简单、现代、通用、面向对象的编程语言",于是出台了 ECMA-334 标准,这是一种令人满意的简洁的语言,它有类似 Java 的语法,但显然又借鉴了 C++ 和 C 的风格。设计 C♯语言是为了增强软件的健壮性,为此提供了数组越界检查和强类型检查,并且禁止使用未初始化的变量。C♯语言的正式发布是从 2002 年伴随着 Visual Studio 开发环境一起开始的,其一经推出,就受到众多程序员的青睐。

1.1.2 C♯的特点

C♯是从 C 和 C++派生出的一种简单、现代、面向对象和类型安全的编程语言,并且能够与.NET 框架完美结合,C♯具有以下突出的特点。

(1) 语法简洁,不允许直接操作内存,去掉了指针操作。

(2) 彻底的面向对象设计,C♯具有面向对象的语言所应有的一切特性:封装、继承和多态等。

(3) 与 Web 紧密结合,支持绝大多数的 Web 标准,例如,HTML、XML、SOAP 等。

(4) 强大的安全性机制,可以消除软件开发中的常见错误(如语法错误),.NET 提供的垃圾回收器能够帮助开发者有效地管理内存资源。

(5) 因为 C♯遵循.NET 的公共语言规范(CLS),从而保证能够与其他语言开发的组件兼容。

(6) C♯提供了完善的错误和异常处理机制,使程序在交付应用时能够更加健壮。

1.2 .NET 开发平台

1.2.1 .NET 概述

.NET 平台是由微软公司推出的全新的应用程序开发平台,可用来构建和运行新一代 Microsoft Windows 和 Web 应用程序。它建立在开放体系结构基础之上,集微软公司在软件领域的主要技术于一身。

.NET 平台的核心是.NET Framework,它为.NET 平台下应用程序的运行提供了基本框架,如果把 Windows 操作系统比作一栋摩天大楼,那么.NET Framework 就是摩天大楼中由钢筋和混凝土搭成的框架。

Visual Studio.NET 是.NET 平台的主要开发工具,由于.NET 平台是建立在开放体系结构基础之上的,因此应用程序开发人员也可以使用其他的开发工具。

1.2.2 .NET Framework 的结构

.NET Framework 以微软公司的 Windows 操作系统为基础,由不同的组件组成,能够与 Windows 的各种应用程序服务组件(如消息队列服务、COM+组件服务、Internet 信息服务、Windows 管理工具等)整合,以开发各种应用程序,如图 1-1 所示。

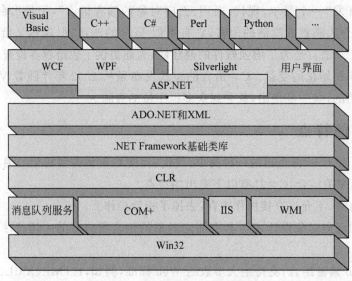

图 1-1 .NET Framework 的结构

在.NET Framework 的最顶层是程序设计语言,.NET Framework 支持诸如 Visual Basic(VB)、C♯、C++、J♯、Perl 等几十种高级程序设计语言。在 Visual Studio.NET 开发环境中,可直接使用 VB、C♯、C++、F♯、JScript 共 5 种语言开发应用程序。

.NET Framework 具有两个主要组件:公共语言运行库(Common Language Runtime,CLR)和.NET Framework 类库,除此之外还包括 ADO.NET、ASP.NET、XML Web 服务等。

CLR 是.NET Framework 的基础，是应用程序与操作系统之间的"中间人"，它为应用程序提供内存管理、线程管理和远程处理等核心服务。在.NET 平台上，应用程序无论使用何种语言编写，在编译时都会被语言编译器编译成 MSIL（微软公司中间语言），在运行应用程序时 CLR 自动启用 JIT（Just In Time）编译器把 MSIL 再次编译成操作系统能够识别的本地机器语言代码（简称本地代码），然后运行并返回结果，如图 1-2 所示。因此，CLR 是所有.NET 应用程序的托管环境。这种运行在.NET 之上的应用程序被称为托管应用程序，而传统的直接在操作系统基础上运行的应用程序则被称为非托管应用程序。

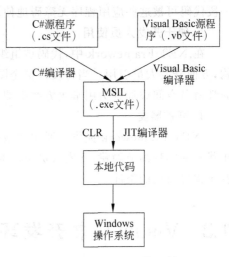

图 1-2　CLR 的工作机制

.NET Framework 类库是一个综合性的面向对象的可重用类型集合，利用它可以开发多种应用程序，包括传统的命令或图形用户界面（GUI）应用程序，也包括 Web 应用程序。

ADO.NET 是.NET Framework 提供的微软公司开发出的新一代的面向对象的数据处理技术，利用它可以简便、快捷地开发数据库应用程序。

ASP.NET 是.NET Framework 提供的全新的 Web 应用程序开发技术，利用它开发 Web 应用程序，如同开发 Windows 应用程序一样简单。

WCF（Windows Communication Foundation）、WPF（Windows Presentation Foundation）以及 Silverlight 等技术是微软公司推出的全新.NET 技术。WCF 可以理解为 Windows 通信接口，它整合了 TCP/IP、XML、SOAP 等技术，因此简化了 XML Web 服务的设计与实现。WPF 为用户界面、2D/3D 图形、文档和媒体提供了统一的描述和操作方法。Silverlight 为开发具有专业图形、音频和视频处理的 Web 应用程序提供了全新的解决方案。

1.2.3　.NET Framework 的优点

在.NET 平台诞生之前，虽然 Internet 已经出现，但很少有应用程序能够运行在各种不同类型的客户端上，也不能和其他应用程序进行无缝集成。这种局限性导致开发人员需花费大量的时间去改写应用程序，以保证它们能在各种客户端和平台上运行，而不是利用这些时间去设计新的应用程序。.NET Framework 的最大特点就在于它为应用程序开发人员提供了一个真正与平台无关的开发环境。使用.NET Framework 开发应用程序有以下优点。

1. 基于 Web 的标准

.NET Framework 完全支持现有的 Internet 技术，包括 HTML（超文本标记语言）、HTTP（超文本传输协议）、XML（可扩展标记语言）、SOAP（简单对象访问协议）、XSLT（可扩展样式表语言转换）、XPath（XML 路径语言）和其他 Web 标准。

2. 使用统一的应用程序模型

任何与.NET 兼容的语言都可以使用.NET Framework 类库。.NET Framework 为

Windows 应用程序、Web 应用程序和 XML Web 服务提供了统一的应用程序模型,因此,同一段代码可被这些应用程序无障碍地使用。

3. 便于开发人员使用

在.NET Framework 中,代码被组织在不同的命名空间和类中,而命名空间采用树形结构,方便开发人员引用。当开发人员企图调用.NET Framework 类库中的类时,只需将该类属性命名空间添加到引用解决方案中即可。

4. 可扩展类

.NET Framework 提供了通用类型系统,它根据面向对象的思想把一个命名空间或类中代码的实现细节隐藏,开发人员可以通过继承访问类库中的类,也可以扩展类库中的类,甚至构建自己的类库。

1.3 Visual C#开发环境

当计算机安装了 Visual Studio 2013 后,用户只需选择"开始"→"所有程序"下的 Visual Studio 2013 命令即可启动它。

刚启动的 Visual Studio 2013 的窗口由菜单栏、工具栏、工具箱、起始页、解决方案资源管理器等组成,如图 1-3 所示。其中,菜单栏列出了 Visual Studio 2013 的所有操作命令;工具栏列出了常见的操作命令;解决方案资源管理器用于显示将要创建的应用程序项目的文件夹结构以及文件列表;工具箱用于显示在设计应用程序操作界面时所要使用的可视化控件;起始页为常用的一些操作。

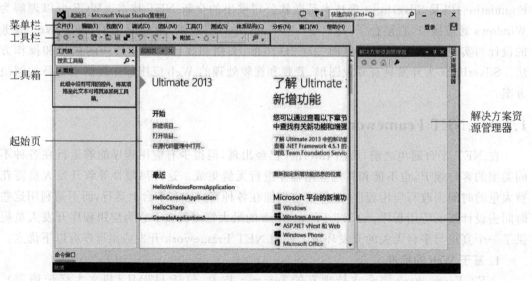

图 1-3 Visual Studio 2013 窗口

Visual Studio 2013 通过解决方案和项目来管理一个正在开发的软件项目。在 Visual Studio 2013 中,一个解决方案代表一个正在开发的庞杂的软件系统,一个项目可能只是正在开发的软件系统中的一个子系统。因此,一个解决方案可以把多个项目组织起来,而一个项目可以把一个子系统中的所有文件管理起来。Visual Studio 2013中支持多种文件类型及它们相关的扩展类型,表1-1列出了一些常用的文件类型。

表1-1 Visual Studio 2013中常用的文件类型

扩展名	名　　称	描　　述
.sln	Visual Studio 2013解决方案文件	.sln文件为解决方案资源管理器提供显示管理文件的图形接口所需的信息。打开.sln文件,能快速地打开整个项目的所有文件
.csproj	Visual C#项目文件	一个特殊的XML文档,主要用来控制项目的生成
.cs	Visual C#源代码文件	表示C#源程序文件、Windows窗体文件、Windows用户控件文件、类文件、接口文件等
.resx	资源文件	包括一个Windows窗体、Web窗体等文件的资源信息
.aspx	Web窗体文件	表示Web窗体,由HTML标记、Web Server控件、脚本组成
.asmx	XML Web服务文件	表示Web服务,它链接一个特定的.cs文件,在整个.cs文件中包含了供Internet调用的方法函数代码

1.3.1　标题栏

标题栏是位于Visual Studio 2013(以下简称VS 2013)窗口顶部的水平条,它显示的是应用程序的名称。默认情况下,用户创建一个项目后,标题栏显示如下信息:

```
HelloCSharp-Microsoft Visual Studio
```

其中,HelloCSharp表示解决方案名称。随着程序状态的变化,标题栏中的信息页随之改变。例如,当程序处于运行状态时,标题栏中显示如下信息:

```
HelloCSharp(正在运行)-Microsoft Visual Studio
```

1.3.2　菜单栏

菜单栏是VS 2013开发环境的重要组成部分,开发者要完成的主要功能都可以通过菜单或者与菜单对应的工具栏按钮和快捷键实现。在不同的状态下,菜单栏中的菜单项格式是不一样的,比如,控制台应用程序的菜单栏效果如图1-4所示,Windows窗体应用程序的菜单栏效果如图1-5所示。

| 文件(F) | 编辑(E) | 视图(V) | 项目(P) | 生成(B) | 调试(D) | 团队(M) | 工具(T) | 测试(S) | 体系结构(C) | 分析(N) | 窗口(W) | 帮助(H) |

图1-4　控制台应用程序的菜单栏

| 文件(F) | 编辑(E) | 视图(V) | 项目(P) | 生成(B) | 调试(D) | 团队(M) | 格式(O) | 工具(T) | 测试(S) | 体系结构(C) | 分析(N) | 窗口(W) | 帮助(H) |

图1-5　Windows窗体应用程序的菜单栏

下面以Windows窗体应用程序的菜单栏为例,介绍VS 2013开发环境中常用的菜单。

1. "文件"菜单

"文件"菜单用于对文件进行操作,比如新建项目、网站、打开项目、网站以及保存、退出等,如图1-6所示。

"文件"菜单主要的菜单项及其功能如表1-2所示。

表1-2 "文件"菜单主要的菜单项及其功能

菜 单 项	功 能
新建	包括新建项目、网站、文件等内容
打开	包括打开项目、解决方案、网站、文件等内容
关闭解决方案	关闭打开的解决方案
保存选定项	保存当前项目
将选定项另存为	将当前的项目另存为其他名称
全部保存	保存当前打开的所有项目
导出模板	将项目导出为可用作其他项目的基础模板
最近的文件	通过最近打开过的文件名打开相应的文件
最近使用的项目和解决方案	通过最近打开过的解决方案或者项目名打开相应的解决方案或项目
退出	退出 VS 2013 开发环境

2. "视图"菜单

"视图"菜单主要用于显示或隐藏各个功能窗口或对话框。如果不小心关闭了某个窗口,可通过"视图"菜单中的菜单项打开。"视图"菜单如图1-7所示。

图1-6 "文件"菜单

图1-7 "视图"菜单

"视图"菜单主要的菜单项及其功能如表1-3所示。

表1-3 "视图"菜单主要的菜单项及其功能

菜单项	功能
解决方案资源管理器	打开解决方案资源管理器窗口
服务器资源管理器	打开服务器资源管理器窗口
类视图	打开类视图窗口
起始页	打开起始页
工具箱	打开工具箱窗口
其他窗口	打开命令窗口、Web浏览器、历史记录等窗口
工具栏	打开或关闭各种快捷工具栏
全屏显示	使VS 2013开发环境全屏显示

3."项目"菜单

"项目"菜单主要用来向程序中添加或移除各种元素,例如添加Windows窗体、用户控件、组件、类、引用等。"项目"菜单如图1-8所示。

图1-8 "项目"菜单

"项目"菜单主要的菜单项及其功能如表1-4所示。

表1-4 "项目"菜单主要的菜单项及其功能

菜单项	功能
添加Windows窗体	向当前项目中添加新的Windows窗体
添加类	向当前项目中添加类文件
添加新项	向当前项目中添加新项(包括类、Windows窗体、用户控件等)
添加现有项	向当前项目中添加已经有的项
添加引用	向当前项目中添加DLL引用
添加服务引用	向当前项目中添加服务引用(如Web服务引用)
设为启动项目	将当前项目设置为启动项目
HelloCSharp属性	打开项目的属性页

4. "格式"菜单

"格式"菜单主要用来对窗体上的各个控件进行统一布局,还可以用来调整选定对象的格式。"格式"菜单如图 1-9 所示。

图 1-9 "格式"菜单

"格式"菜单主要的菜单项及其功能如表 1-5 所示。

表 1-5 "格式"菜单主要的菜单项及其功能

菜 单 项	功　　能
对齐	调整所有选中控件的对齐方式
使大小相同	使所有选中的控件大小相同
水平间距	调整所有选中控件的水平间距
垂直间距	调整所有选中控件的垂直间距
在窗体中居中	使选中的控件在窗体中居中显示
顺序	使选中的控件按照前后顺序放置
锁定控件	锁定选中的控件,不能调整位置

5. "调试"菜单

"调试"菜单主要用于选择不同的调试程序的方法,比如启动调试、开始执行(不调试)、逐语句、逐过程、新建断点等。"调试"菜单如图 1-10 所示。

图 1-10 "调试"菜单

"调试"菜单主要的菜单项及其功能如表1-6所示。

表1-6 "调试"菜单主要的菜单项及其功能如

菜 单 项	功 能
启动调试	以调试模式运行程序
开始执行(不调试)	不调试程序,直接运行
逐语句	逐句地执行程序
逐过程	逐个过程地执行程序(这里的过程以独立的语句为准)
新建断点	设置断点
删除所有断点	清除所有已经设置的断点

6. "工具"菜单

"工具"菜单主要用来选择在开发程序时的一些工具,比如连接到数据库、连接到服务器、选择工具箱项、导入和导出设置、自定义、选项等。"工具"菜单如图1-11所示。

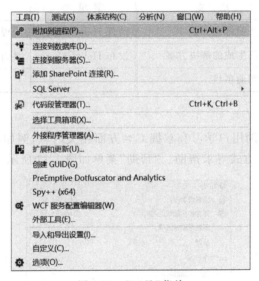

图1-11 "工具"菜单

"工具"菜单主要的菜单项及其功能如表1-7所示。

表1-7 "工具"菜单主要的菜单项及其功能

菜 单 项	功 能
连接到数据库	新建数据库连接
导入和导出设置	重新对开发环境的默认设置进行设置
选项	打开"选项"对话框,以便对VS 2013开发环境进行设置,比如代码的字体、字体大小、代码行号的显示等

7. "生成"菜单

"生成"菜单主要用于生成可以运行的可执行文件,生成之后的程序可以脱离开发环境独立运行(需要.NET Framework框架)。"生成"菜单如图1-12所示。

图1-12 "生成"菜单

"生成"菜单主要的菜单项及其功能如表1-8所示。

表1-8 "生成"菜单主要的菜单项及其功能

菜单项	功 能	菜单项	功 能
生成解决方案	生成当前解决方案	清理 HelloCSharp	清理已生成的项目
清理解决方案	清理已生成的解决方案	发布 HelloCSharp	对当前项目进行发布
生成 HelloCSharp	生成当前项目		

8. "帮助"菜单

"帮助"菜单主要帮助用户学习和掌握C#方面相关内容,例如,用户可以通过内容、索引、搜索、MSDN论坛等方式寻求帮助。"帮助"菜单如图1-13所示。

图1-13 "帮助"菜单

"帮助"菜单主要的菜单项及其功能如表1-9所示。

表1-9 "帮助"菜单主要的菜单项及其功能

菜单项	功 能
查看帮助	打开本地安装的帮助文档
添加和移除帮助内容	安装和卸载本地的帮助文档

1.3.3 工具栏

为了操作更方便、快捷,菜单项中常见的命令按钮按功能分组分别放入相应的工具栏中,通过工具栏可以快速访问常用的菜单命令。常用的工具栏有标准工具栏和调试工具栏,下面分别进行介绍。

1. 标准工具栏

标准工具栏包括大多数常用的命令按钮,如新建项目、打开文件、保存、全部保存等。标准工具栏如图 1-14 所示。

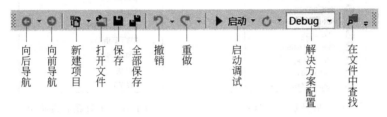

图 1-14　VS 2013 标准工具栏

2. 调试工具栏

调试工具栏包括对应用程序进行调试的快捷按钮,如图 1-15 所示。

图 1-15　VS 2013 调试工具栏

在调试程序或运行程序的过程中,通常可以用以下 4 种快捷键来操作:

(1) 按 F5 快捷键实现调试运行程序;

(2) 按 Ctrl+F5 快捷键实现不调试运行程序;

(3) 按 F11 快捷键实现逐句调试程序;

(4) 按 F10 快捷键实现逐过程调试程序。

1.3.4 工具箱

工具箱是 VS 2013 的重要工具,每一个开发人员都必须非常熟悉这个工具箱。工具箱提供了进行 C# 程序开发所必需的控件。通过工具箱,开发人员可以方便地进行可视化的窗体设计,简化了程序设计的工作流程,提高了工作效率。根据控件功能的不同,将工具箱划分为 11 个栏目,如图 1-16 所示。

单击某个栏目,显示该栏目下的所有控件,如图 1-17 所示。当需要某个控件时,可以通过双击所需要的控件直接将控件加载到

图 1-16　工具箱

Windows窗体中,也可以先单击选择需要的控件,再将其拖动到Windows窗体上。"工具箱"窗口中的控件可以通过工具箱右键菜单(如图1-18所示)来控制,例如,实现控件的排版、删除、显示方式等。

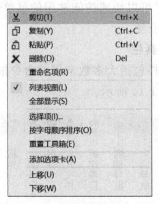

图1-17 展开后的工具项　　　　　图1-18 工具箱右键菜单

1.3.5 窗口

VS 2013开发环境中包含很多窗口,本小节将对常用的几个窗口进行介绍。

1. 窗体设计器窗口

窗体设计器是一个可视化窗口,开发人员可以使用VS 2013工具箱中提供的各种控件对该窗体进行设计,以适用不同的需求。窗体设计器如图1-19所示。

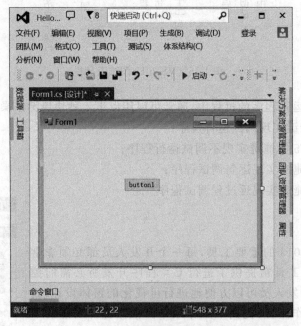

图1-19 窗体设计器

当使用VS 2013工具箱中提供的各种控件对窗体设计器窗口进行设计时,可以使用鼠标将控件直接拖放到窗体设计器窗口中。

2. 解决方案资源管理器窗口

解决方案资源管理器(见图 1-20)提供了项目及文件的视图,并且提供对项目和文件相关命令的便捷访问。与此窗口关联的工具栏提供了适用于列表中突出显示项的常用命令。若要访问解决方案资源管理器,可以选择"视图"→"解决方案资源管理器"命令。

3. "属性"窗口

"属性"窗口是 VS 2013 中一个重要的工具,该窗口为 Windows 窗体应用程序的开发提供了简单的属性修改方式。对窗体应用程序开发中的各个控件属性都可以由"属性"窗口设置完成。"属性"窗口不仅提供了属性的设置及修改功能,还提供了时间的管理功能。"属性"窗口可以管理控件的事件,方便编程时对事件的处理。

"属性"窗口采用两种方式管理属性和事件,分别是按分类方式和按字母排序方式。读者可以根据自己的习惯采用不同的方式。窗口的下方还有简单的帮助,方便开发人员对控件的属性进行操作和修改,"属性"窗口的左侧是属性名称,右侧是属性值。如图 1-21 所示。

图 1-20 解决方案资源管理器

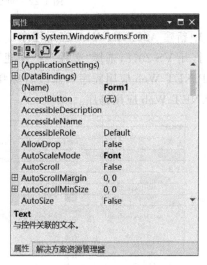

图 1-21 "属性"窗口

1.3.6 新建应用程序

在 VS 2013 中,可以创建很多类型的项目,例如控制台应用程序、Windows 窗体应用程序、ASP.NET Web 应用程序、WPF 应用程序、类库等,本节将介绍常见的 3 种。

1. 新建控制台应用程序

打开 VS 2013,选择"文件"→"新建"→"项目"命令,在打开的"新建项目"对话框中选择"控制台应用程序",修改名称并选择存放路径,单击"确定"按钮,即可创建控制台应用程序。

2. 新建 Windows 窗体应用程序

打开 VS 2013,选择"文件"→"新建"→"项目"命令,在打开的"新建项目"对话框中选择"Windows 窗体应用程序",修改名称和位置,如图 1-22 所示,单击"确定"按钮,即可创建 Windows 窗体应用程序。

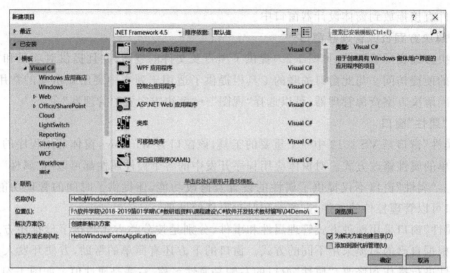

图 1-22　创建 Windows 窗体应用程序

3. 新建 ASP.NET Web 应用程序

打开 VS 2013，选择"文件"→"新建"→"项目"命令，在打开的"新建项目"对话框中选择"ASP.NET Web 应用程序"，修改名称和位置，如图 1-23 所示，单击"确定"按钮，即可创建 ASP.NET Web 应用程序。

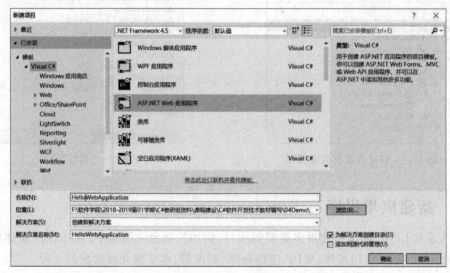

图 1-23　创建 ASP.NET Web 应用程序

1.4　C#程序的基本结构

下面先看一个非常简单的 C#程序，它用于在屏幕上输出一行文字——"欢迎光临！"。打开 VS 2013，选择"文件"→"新建"→"项目"，在"新建项目"对话框中选择"控制台应用程序",如图 1-24 所示。

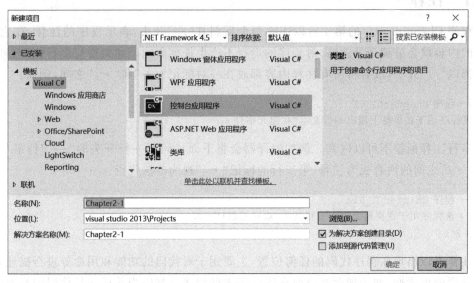

图 1-24　创建控制台应用程序

在 Program.cs 文件中输入如下代码。

```
//程序 Chapter01_01
using System;
namespace Chapter01_01
{
    class Program
    {
        static void Main(string[] args)
        {
            Console.WriteLine("欢迎光临!");
            Console.Read();
        }
    }
}
```

按 F5 键运行程序,得出的结果如图 1-25 所示。

图 1-25　程序的运行结果

接下来分析一下该程序的基本结构。

1.4.1 注释

程序 Chapter01_01 的第 1 行以连续两个反斜杠"//"开头,表示程序的注释,在它同行右侧的内容就会被编译器忽略,对程序的运行不产生任何影响。如果要写多行注释,可以每一行都以"//"开头,或者将所有注释内容都放在一对标记"/ *"和"* /"之间,例如:

```
/* 程序 Chapter01_01
该程序用于在屏幕上输出一行文本"欢迎光临!" */
```

多行注释标签不可以嵌套。例如编译器会将下面代码第一行开头的"/ *"到第二行末尾的"* /"之间的内容视为注释,第三行的标记"* /"视为非法代码。

```
/* 程序 Chapter01_01
/* 该程序用于在屏幕上输出一行文本"欢迎光临!" */
*/
```

注释可以出现在程序代码的任何位置,主要用于对代码的功能和用途等进行描述,从而提高程序的可读性,便于理解和修改程序。优秀的程序员都应当养成注释代码的好习惯。

1.4.2 命名空间

程序中常常需要定义很多类型,为了便于类型的组织和管理,C#引入了命名空间的概念。一组类型可以属于一个命名空间,而一个命名空间也可以嵌套在另一个命名空间中,从而形成一个逻辑层次结构,这就好比目录式的文件组织方式。

程序 Chapter01_01 的第 2 行通过关键字 using 引用了一个.NET 类库中的命名空间 System,之后程序就可以自由使用该命名空间下定义的各种类型。程序的第 3 行则通过关键字 namespace 定义了一个新的命名空间 Chapter01_01,在其后的一对大括号"{}"中定义的所有类型都属于该命名空间。

C#语言是大小写敏感的,比如关键字 using 不能写成 USING,namespace 不能写成 Namespace。

命名空间的使用还有利于避免命名冲突。不同的开发人员可能会使用同一个名称来定义不同的类型,这在程序相互调用时会产生混淆,而将这些类型放在不同的命名空间中就可以解决此问题。

1.4.3 类型及其成员

在 C#语言中,类是最基本的一种数据类型,类的属性称为"字段"(Field),类的操作称为"方法"(Method)。类使用关键字 class 进行定义,程序 Chapter01_01 就定义了一个名为 Program 的类,并为其定义了一个方法 Main(),在其中执行文本输出的功能,代码如下。

```
static void Main(string[] args)
{
    Console.WriteLine("欢迎光临!");
    Console.Read();
}
```

这里 Main()方法的功能是通过调用 Console 类的 WriteLine()方法完成的。方法的输入参数是用一对双引号括起来的字符串，表示要输出的文本内容。如果要显式定义字符串对象，那么 Main()方法中的代码可以改写为如下内容，其中，string 表示字符串类型，s 表示该类型的一个变量。

```
string s="欢迎光临!";
Console.WriteLine(s);
```

Console 类是.NET 类库的 System 命名空间下定义的一个类，表示对控制台窗口的抽象。由于程序已引用了该命名空间，因此在 Main()方法的代码中可以直接使用该类。如果删除程序第 2 行的 using 引用代码，那么在使用 Console 类时还需要指定该类所属的命名空间。代码如下。

```
System.Console.WriteLine("欢迎光临!");
```

Console 类是控制台应用程序与用户交互的基础，其常用的一些成员方法如表 1-10 所示。

表 1-10 Console 类的常用成员方法

方　法	输入参数	返回值	作　用
Read()	无	整数	读入下一个字符
ReadKey()	无	ConsoleKeyInfo 对象	读入一个字符
ReadLine()	无	字符串	读入一行文本,至换行符结束
Write()	任意对象	无	输出一行文本
WriteLine()	任意对象	无	输出一行文本,并在结尾处自动换行

程序 Chapter01_01 虽然简单，但我们从中看到了 C#应用程序的基本结构：命名空间下包含类，类可以包含成员字段和成员方法，方法中又包含执行代码。这种包含关系都是通过一对大括号"{}"来表示的。

1.4.4　程序主方法

程序的功能是通过执行方法代码来实现的，每个方法都是从第 1 行代码开始执行，直至最后一行代码结束，其间可以通过代码调用其他的方法，从而完成各种操作。应用程序的执行必须要有一个起点，C#程序的起点就是由 Main()方法定义的，程序总是从 Main()方法的第 1 行代码开始执行，在 Main()方法结束时停止运行。因此，对于 C#可执行程序，必须有一个类定义了 Main()方法，以便编译器确定该方法是作为程序的入口。如果有多个类都定义了 Main()方法，那么还需要通过编译选项 Main()方法明确指定主方法所属的类。

1.4.5　程序集

人们使用代码编写的是源程序文件，它必须通过编译后才可执行，而编译生成的程序模块称为程序集。程序集是.NET 应用程序的基本单元，一个软件系统可以是一个程序集，但更多时候是多个相互调用的程序集组成的集合。

.NET Framework 中提供了 C#的编译器和运行环境，只要安装了该框架，开发人员就可以使用各种文本编辑器来编写C#程序代码,而后编译和执行程序。

程序集可以是EXE可执行文件格式,也可以是DLL动态链接库文件。后者主要是为其他程序提供各种类型和服务,本身并不能直接进行,因此,程序中可以不包含Main()方法。

1.5 小结

本章主要对C#和.NET开发平台做了简单介绍,还介绍了VS 2013开发环境和C#程序的基本结构。

习题

1. C#具有哪些特点?
2. 安装VS 2013,熟悉开发环境。

第 2 章　C# 语法基础

2.1　数据类型

数据类型用于全面描述 C 语言和 C++ 源程序的代码特征,可以说 C 程序是一组函数和数据类型,C++ 程序是一组函数和类,C# 则是一组类型声明。既然 C# 是一组类型声明,那么学习 C# 就是学习如何创建类型和使用类型。

数据类型是数据的一种类型,它包括类型的名称和用于保存数据成员的数据结构,以及一些约束条件。如整型名为 int,结构为 4B 的空间大小,可以存储 32bit 的数据,说明该数据类型结构能存储的最大值以及最小值。在程序运行时需要将数据存储在计算机的内存中,不同的数据类型有不同的存储空间,因此,程序员可以根据自己的需要来定义数据类型,在节省内存空间的同时又要满足项目的需要。从数据存储的角度来分,在 C# 中可将数据类型分为值类型和引用类型,其中值类型将数据本身的值存储在栈中;引用类型将数据的引用存储在栈中,数据的值则在堆中。

C# 提供了 16 种预定义类型,其中包括 13 种简单类型和 3 种非简单类型,如图 2-1 所示,所有的这些类型都是由小写字母组成。简单类型分为 11 种数值类型,1 种 Unicode 字符类型 char,1 种布尔类型 bool。3 种非简单类型包括 string、object、dynamic。string 是一

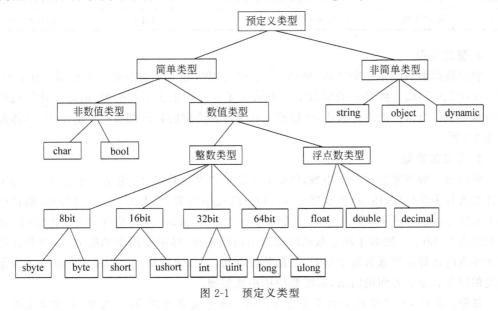

图 2-1　预定义类型

个 Unicode 字符的数组，object 是所有类型的基类，dynamic 在使用动态语言编写的程序集时使用。除了这 16 种预定义的类型以外，用户还可以自己创建 6 种类型，它们是类类型（class）、结构类型（struct）、数组类型（array）、枚举类型（enum）、委托类型（delegate）、接口类型（interface）。使用用户创建的类型必须先申明类型，然后实例化该类型的对象。在这些类型中，值类型包括所有的简单类型以及结构体和枚举类型，引用类型包括非简单类型和类类型、接口类型、委托类型、数组类型。

2.1.1 简单类型

C♯中简单数据类型表示一个单一的数据类型。每一种数据类型都有各自具体的长度大小及范围，具体如表 2-1 所示。

表 2-1 简单数据类型

类型	含义	范围	默认值	对应.NET 框架类型
byte	无符号 8bit 整数	0～255	0	System.Byte
sbyte	有符号 8bit 整数	$-128\sim127$	0	System.SByte
ushort	无符号 16bit 整数	0～65535	0	System.UInt16
short	有符号 16bit 整数	$-32768\sim32767$	0	System.Int16
uint	无符号 32bit 整数	$0\sim2^{32}-1$	0	System.Uint32
int	有符号 32bit 整数	$-2^{31}\sim2^{31}-1$	0	System.Int32
ulong	无符号 64bit 整数	$0\sim2^{64}-1$	0	System.UInt64
long	有符号 64bit 整数	$-2^{63}\sim2^{63}-1$	0	System.Int64
float	32bit 单精度实数	$\pm1.5\times10^{-45}\sim\pm3.4\times10^{38}$	0.0f	System.Single
double	64bit 双精度实数	$\pm5.0\times10^{-324}\sim\pm1.7\times10^{308}$	0.0d	System.Double
decimal	128bit 高精度数	$\pm1.0\times10^{-28}\sim\pm7.9\times10^{28}$	0m	System.Decimal
char	字符	16bit 的 Unicode 字符	\x0000	System.Char
bool	布尔类型	true 或 false	false	System.Boolean

1. 整数类型

整型数据值只能是一个整数，例如 5 是一个整数，而 5.0 则不是一个整数，int i＝5 正确，int i＝5.0 错误。数学上的整数是一个从负无穷大到正无穷大的数，但是在计算机里由于每种类型都有自己的内存大小，所以在 C♯中每种类型的数据都有一定的范围，具体范围如表 2-1 所示。

2. 浮点数类型

浮点数一般用来表示一个小数，例如 5.0 是一个浮点数，5.15 也是一个浮点数。在 C♯中浮点数分为单精度（float）和双精度（double）以及小数类型（decimal），它们的区别在于能够表示的小数的精度不一样。float 类型精度为 2^7 bit，double 类型精度为 2^{16} bit，decimal 类型精度为 2^{28} bit。一般对于浮点数精度要求不高的系统，尽量使用单精度类型，因为计算机对于小数的运算速度远远低于整数，数据精度越高，运算速度越慢。但是有时候为了满足高精度的财务和金融方面的需求，就需要使用小数类型。

注意：在 C♯中默认的小数类型为 double。如果需要使用 float 类型，就需要在数据的后面添加 f 或者 F，例如 float f=5.5f。使用 decimal 类型就需要在数据后面添加 M 或者 m，例如 decimal d=5.5m。如果没有加后缀，则数据自动转为 double 类型。

3. 字符类型

字符类型(char)表示单个字符，在程序中用单引号括起来，例如 char c='c'。注意，这里不能用双引号，双引号表示是一个字符串而不是单个字符。

4. 布尔类型

布尔类型(bool)表示逻辑真或者假，在程序中只有两种取值：true 或者 false，其中，true 表示逻辑真，false 表示逻辑假，例如 bool flag=false。

2.1.2 数组类型

数组是相同数据类型的集合，数组中的数据称为数组元素。数组元素可以是任何类型的，但同一个数组里的元素类型必须相同。数组元素没有名称，只能通过索引(也叫下标)来访问。数组的维数称为数组的秩，数组中所有维度元素的总和称为数组的长度。

在 C#中不支持动态数组，数组一旦被创建，数组的大小就会被固定。数组的索引号从 0 开始到数组的长度减 1。例如 int [] a=new int [5]，这里定义了一个整型的一维数组 a，数组 a 的长度为 5，索引号为 0~4。根据数组的维度把数组分为一维数组和多维数组，多维数组中包括矩形数组和交错数组。一维数组及多维数组要根据方括号中逗号的个数进行区分，如果没有逗号则为一维数组，有两个逗号则为三维数组，以此类推。

1. 一维数组的创建

在 C#中使用 new 运算符来创建数组，一般有如下 3 种方式。

(1) 创建时初始化

创建时初始化一维数组的格式如下。

数组类型[] 数组名=new 数组类型[数组长度]{初始化值列表};

例如：

int[] a=new int[3]{1,2,3};   //表示创建初始化长度为 3 的一个一维整型数组

这种方式一般也可简写为如下格式。

数组类型[] 数组名={初始化值列表};
int[] a={1,2,3};   //和以上方式等价

数组的元素分别为 a[0]=1,a[1]=2,a[2]=3，没有 a[4]。

(2) 先声明再初始化

C#中也可以先申明一个数组，然后再进行初始化，其格式如下。

数组类型[] 数组名;
数组名=new 数组类型[数组长度]{初始化值列表};

例如：

int[] a;
a=new int[3]{1,2,3};

(3) 先创建再初始化

C#中也允许先创建一个数组,然后再进行初始化,其格式如下。

数组类型[] 数组名=new 数组类型[数组长度];

例如:

```
int[] a=new int[3];
a[0]=1;a[1]=2;a[2]=3;
```

在这种创建方式里如果没有进行初始化,那么数组里的元素就是定义该类型时系统默认的值。比如,int 类型的数组没有初始化值,那么这个数组的元素值就是0。

2. 一维数组的使用

一维数组创建初始化以后,通过数组名和索引进行访问,例如:

```
int[] a=new int[3]{1,2,3};
```

访问数组的第一个元素用 a[0],这样既可以知道数组的第一个元素的值,又可以进行修改。如把第一个元素的值改为5,即 a[0]=5。

由于C#的数组类型派生自 System.Array,所以与 Array 类具有相同的属性方法和数组。例如常用的数组的长度属性 Length、数组的克隆方法 Clone、排序方式 Sort、逆置方法 Reverse 等。数组的常用的属性和方法如表2-2所示。

表2-2 数组的常用属性和方法

名 称	类型	意 义
Rank	属性	获取数组的维度数
Length	属性	获取数组中所有维度元素总和的个数
GetLength	方法	返回数组指定维度的长度
Clear	方法	设置数组某个范围的元素为0或者 null
Sort	方法	对一维数组的元素进行排序
Clone	方法	进行数组元素的浅复制(复制数组元素)
IndexOf	方法	返回一维数组中遇到的第一个值
Reverse	方法	将数组中某一范围的元素倒过来

【例2-1】 一个使用了数组的属性和方法的程序。

```
static void Main(string[] args)
{
    int[] a=new int[5]{13, 82, 3,34,65};       //创建一个一维整型数组
    PrintArray(a);                              //输出数组
    Array.Sort(a);                              //数组元素升序排序
    PrintArray(a);
    Array.Reverse(a);                           //倒数组元素
    PrintArray(a);
    //获取数组的维度和长度
    Console.WriteLine("Rank={0},Length={1}", a.Rank, a.Length);
```

```
        //获取一维上的元素个数
        Console.WriteLine("GetLength(0)={0}", a.GetLength(0));
        Console.Read();
    }
    public static void PrintArray(int[] a)
    {
        foreach (var item in a)
        {
          Console.Write("{0}", item);
        }
        Console.WriteLine();
    }
```

程序运行结果如图 2-2 所示。

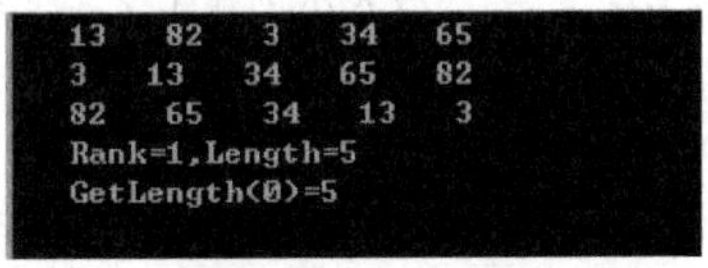

```
13    82    3     34    65
3     13    34    65    82
82    65    34    13    3
Rank=1,Length=5
GetLength(0)=5
```

图 2-2 例 2-1 的运行结果

3. 多维数组中的矩阵数组

多维数组需要使用多个索引号才能确定数组元素的位置和数组的元素,创建多维数组时,必须先声明多维数组的维度,以及各维度的长度和数组元素的类型。多维数组的长度是各个维度上所有元素的总和。

矩阵数组每个维度的元素个数必须相同。其创建一般包括如下 3 种方式。

(1) 创建时初始化

矩阵数组创建时初始化格式如下。

数组类型[逗号列表] 数组名=new 数组类型[维度长度]{初始化值列表};

例如,创建并初始化一个二维矩阵数组如下。

int[,] a=new int[2,2]{{1,2},{1,2}};

(2) 先声明再初始化

矩阵数组先声明再初始化的格式如下。

数组类型[逗号列表] 数组名;
数组名=new 数组类型[维度长度]{初始化值列表};
int[,] a;
a=new int[2,2]{{1,2},{1,2}};

(3) 先创建再初始化

矩阵数组先创建再初始化的格式如下。

数组类型[逗号列表] 数组名=new 数组类型[维度长度];
int[,] a=new int[2,2];   //定义一个整型的二维数组
a[0,0]=1;a[0,1]=2;a[1,0]=1;a[1,1]=2;   //初始化数组元素

在矩阵数组的创建及初始化过程中,需要注意只有一个中括号,中括号中逗号的个数决定了矩阵数组的维数,矩阵数组的维度等于逗号个数加 1。初始化列表中应注意大括号的使用,每个维度有一个大括号,维度和数组元素之间都用逗号隔开。

4. 多维数组中的交错数组

交错数组也就是常说的数组中的数组。与矩阵数组不同,交错数组中每个子数组可以有不同数目的元素。

交错数组的格式如下。

数组类型[维度][子数组维度] 数组名=new 数组类型[维度长度][子数组的维度];

例如:

```
int[][] arr=new int[2][];           //表示创建了 2 个一维数组 arr
int[][] arr1=new int[2][,];         //表示创建了 2 个二维矩阵数组 arr1
```

注意:在创建交错数组时,不能指定子数组的维度,例如下面的代码是错误的。

```
int[][] arr2=new int[2][3];         //这是错误的声明方式,用 3 是不允许的
```

交错数组和矩阵数组一样,也可以在创建时初始化、先声明再初始化、先创建再初始化,这里仅以比较直观的一种方式举例。例如:

```
int[][] arr=new int[2][];
arr[0]=new int[3] {1, 2, 3};
arr[1]=new int[2]{1,2};
```

二维交错数组 arr 的第一维是一个由 3 个元素组成的一维子数组,第二维是一个由 2 个元素组成的一维子数组。

5. 多维数组中的使用

【**例 2-2**】 创建一个二维矩阵数组和一个二维交错数组,并分别进行了初始化,然后显示它们的值。

```
static void Main(string[] args)
{
    int[,] a=new int[2, 2] {{1, 2}, {3, 4}};        //二维矩阵数组
    int[][] arr=new int[2][];                        //二维交错数组
    arr[0]=new int[3] {1, 2, 3};
    arr[1]=new int[2]{1,2};
    for (int i=0; i<a.GetLength(0); i++)
    {
        for (int j=0; j<a.GetLength(1); j++)
        {
            Console.WriteLine("矩阵数组 a[{0},{1}]={2}", i, j, a[i, j]);
        }
    }
    for (int i=0; i<arr.GetLength(0); i++)
    {
        for (int j=0; j<arr[i].Length; j++)
        {
```

```
            Console.WriteLine("交错数组 arr[{0}][{1}]={2}",i,j, arr[i][j]);
        }
    }
    Console.Read();
}
```

程序运行结果如图 2-3 所示。

图 2-3 例 2-2 的运行结果

2.1.3 字符串类型

字符串是一个 Unicode 字符串数组,通常使用双引号来标识,这些字符可以由字母、数字、符号等组成。例如,"靳老师 is a good teacher"就是一个字符串常量,这个字符串里包括汉字、空格、字母。声明一个字符串可使用 string 关键词,例如:

  string s="靳老师 is a good teacher"; //定义一个字符串变量 s

C#中 string 类型里封装了很多有用的字符串操作成员,包括检测字符串的长度、连接字符串、分割字符串、替换字符串、插入字符等操作。表 2-3 列出了字符串里常用的方法和属性。

表 2-3 字符串常用方法及属性

成 员	类 型	意 义
Length	属性	返回字符串的长度
Concat	静态方法	返回连接后的字符串
Contains	方法	返回参数是否是对象的子字符串的 bool 值
EndsWith	方法	返回参数是否是对象的结尾字符串
Equals	方法	返回参数是否与字符串对象相等
Format	静态方法	返回格式化后的字符串
IndexOf	方法	返回参数字符第一次出现在对象字符串中的索引
Insert	方法	在字符串对象的指定位置插入参数字符并返回新的字符串
Remove	方法	从对象字符串中删除指定字符串
Replace	方法	用字符替换对象字符串中的字符
StartsWith	方法	返回参数是否是对象的开头字符串
Split	方法	返回按参数分割字符串后的字符串数组
Substring	方法	返回提取的子字符串
ToUpper	方法	返回对象字符串的副本,其中所有字母都是大写
ToLower	方法	返回对象字符串的副本,其中所有字母都是小写

除此之外,C#中允许使用一些关系运算符直接操作字符串,例如,"+""==""!=",这些运算符可以直接使用。设有"string s1="123";string s2="125";",使用"+"可以连接字符串 s1 和 s2,即 string s3=s1+s2,s3 的值就为"123125d";使用"=="可以判断两个字符串是否相等,例如,"bool s4=(s1==s2);",s4 的值为 false;使用"!="可以判断两个字符串是否不相等。由于字符串是一个字符的数组,因此,要访问字符串中的某个字符,可以像访问数组元素一样,使用字符串名加索引即可。例如 s1[0]的值为'1'。

字符串是不可变的,一旦一个字符串被创建,那么这个字符串的值就不能被修改。上面的方法看似修改了字符串,实际上并没有修改原有的字符串,只是创建了一个新的字符串。因此,在编写程序的过程中,如果需要对字符串进行反复修改,最好不要使用 string 类型,因为 string 类型不可变,每修改一次原有的字符串都会创建一个新的临时字符串,这样会增大系统的负担,降低程序运行的效率。

为了提高字符串的运行效率,.NET Framework 框架提供了 StringBuilder 类进行操作。StringBuilder 对象是 Unicode 字符的可变数组,当创建了一个 StringBuilder 对象后,就会分配比当前字符串长度更大的一个缓冲区,只要这个缓冲区能够容纳对字符串的改变,就不会分配内存。如果字符串的改变需要的空间比缓冲区大,就会分配一个更大的缓冲区并把字符串复制到其中,这样当每次对字符串进行修改的时候,就不会创建新的临时空间,也不会每次都创建一个副本,从而提高了程序的运行效率。

【例 2-3】 下面的代码展现了 string 和 StringBuilder 的不同,同样用 Insert()方法插入一个字符串,发现字符串 s 并没有改变,而字符串 sb 却发生了改变。

```
static void Main(string[] args)
{
    string s="jackson is a good teacher";
    StringBuilder sb=new StringBuilder("jackson is a good teacher");
    Console.WriteLine(s.Insert(0, "dear "));
    Console.WriteLine("string 插入一个字符串后:{0}",s);
    Console.WriteLine(sb.Insert(0, "dear "));
    Console.WriteLine("StringBuilder 插入一个字符串后:{0}", sb);
    Console.Read();
}
```

程序运行结果如图 2-4 所示。

```
dear jackson is a good teacher
string 插入一个字符串后: jackson is a good teacher
dear jackson is a good teacher
StringBuilder 插入一个字符串后: dear jackson is a good teacher
```

图 2-4 例 2-3 的运行结果

2.1.4 结构类型和枚举类型

1. 结构类型

结构类型是程序员可以根据自己的需要来创建的类型。结构类型在生活中用得比较多,可以用来描述一个完整的事物。例如,教师可以是一个结构类型,包括工号、姓名、年龄、工资、性别等数据成员信息,也可以包含"上课"或"学习"等成员函数。结构类型和即将学习的类类型非常相似,但是也有很多不同,其中最重要的两个区别是:①结构类型是值类型,类类型是引用类型;②结构类型是密封类型,不能被继承,而类类型可以。

C#中定义结构类型使用 struct 关键词来标记,结构类型包括数据成员、成员函数等,其中,如教师的工号表示结构的数据称为数据成员,"学习"表示对数据的操作称为成员函数。声明结构类型时可以省略数据成员或成员函数,例如一个教师的完整结构定义如下。

```
struct Teacher
{
    public int teaNo;
    public string name;
    public int age;                                      //结构体的数据成员
    public void Study(Teacher t, string subject)         //结构体的成员函数
    {
        Console.WriteLine("{0} is studying {1}", t.name,subject);
    }
}
```

用户自定义类型的使用和预定义的类型一样,使用之前需要先定义。

【例 2-4】 应用一个结构体的例子。

```
struct Teacher
{
    public int teaNo;
    public string name;
    public int age;                                      //结构体的数据成员
    public void Study(Teacher t, string subject)         //结构体的成员函数
    {
        Console.WriteLine("{0} is studying {1}", t.name,subject);
    }
}
class Program
{
    static void Main(string[] args)
    {
        Teacher t1;                                      //声明结构类型的一种方式
        Teacher t2=new Teacher();                        //声明结构类型的另外一种方式
        t1.teaNo=123;
        t1.name="jackson";
        t1.age=30;                                       //给结构数据成员赋值
        t2.teaNo=456;
        t2.name="jack";
        t2.age=35;
        //读取结构类型的数据
        Console.WriteLine("教师 1 的工号:{0}\n 教师 1 的姓名:{1}\n 教师 1 的年龄:{2}",
            t1.teaNo, t1.name, t1.age);
        //调用结构类型的成员函数
        t1.Study(t1,"c#");
        Console.WriteLine("教师 2 的工号:{0}\n 教师 2 的姓名:{1}\n 教师 2 的年龄:{2}",
```

```
        t2.teaNo, t2.name, t2.age);
     t2.Study(t2, "java");
     Console.Read();
   }
}
```

程序运行结果如图 2-5 所示。

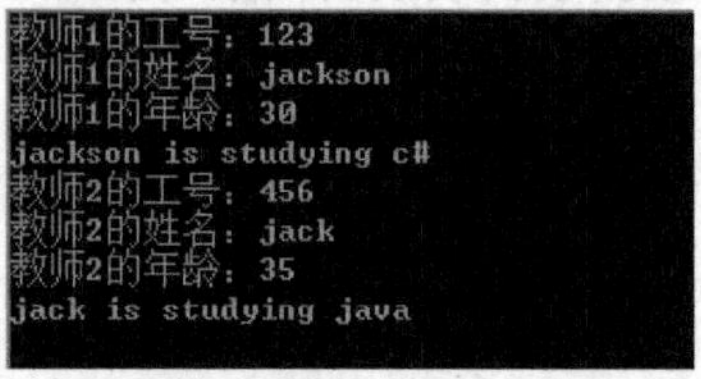

```
教师1的工号: 123
教师1的姓名: jackson
教师1的年龄: 30
jackson is studying c#
教师2的工号: 456
教师2的姓名: jack
教师2的年龄: 35
jack is studying java
```

图 2-5 例 2-4 的运行结果

2. 枚举类型

枚举类型和结构类型一样,也是用户可以创建的类型。枚举类型也属于值类型,它只有命名的整数值常量一种。每个枚举类型都有一个底层的整数类型。例如,下面的例子定义了一个枚举类型。

```
enum TrifficLight
{
    red,           //注意这里是逗号
    green,
    yellow,
}
```

声明一个枚举类型时使用关键词 enum 标记,大括号里的成员列表使用逗号隔开,没有分号。默认情况下,编译器会把第一个成员的值设为 0,后面成员的值依次加 1。上面的例子里,red=0,green=1,yellow=2。

如果不想从 0 开始设置,设为任意的值也是可以的,例如:

```
enum TrifficLight
{
    red=3,         //注意这里是逗号
    green,
    yellow,
}
```

上面的例子里 red=3,后面的值依次加 1。枚举类型里也可以任意设置定义成员的值,例如:

```
enum TrifficLight
{
    red=3,         //注意这里是逗号
    green=12,
    yellow=20,
}
```

在枚举类型里默认的数据成员是 int 类型。如果发现数值很大,int 类型不够用,也可

以改变成员的整数类型。

【例 2-5】 改变枚举类型成员的类型以及枚举类型的使用。

```
enum TrifficLight:ulong
{
    red=11111111111,              //int 类型改变类 ulong 的类型
    green=22222222222,
    yellow=33333333333,
}
static void Main(string[] args)
{
    Console.WriteLine((ulong)TrifficLight.red);
    Console.WriteLine((ulong)TrifficLight.green);
    Console.WriteLine((ulong)TrifficLight.yellow);
    Console.Read();
}
```

程序运行结果如图 2-6 所示。

图 2-6　例 2-5 的运行结果

2.1.5　数据类型转换

在 C# 中数据类型是可以相互转换的,一般把数据类型的转换分为两种,即隐式转换和显式转换。

1. 隐式转换

当从数据位少的数据转换为数据位多的数据类型时,不会丢失数据或者是数据的精度,这种转换称为隐式转换。例如,下面的代码可以把 16bit 的整型数据转换为 32bit 的整型数据。

```
ushort us=23;
uint ui=123;
uint ui1=us;              //隐式转换,自动把 us 转变为 uint,再赋值给 ui1
ushort us1=ui;            //无法将类型 uint 隐式转换为 ushort
```

当数据无符号且从位数少的转换为位数多的数据类型时,会自动在源数据的前面填充零,并变换为与目标类型一样的位数。例如,上面的例子会先把变量 us 的第 16～31bit 用 0 填充,然后再赋值给变量 ui1。当数据有符号时,会先在高位用符号位来填充,然后再赋值给变量。

2. 显式转换

显式转换就是告诉编译器按照明确的类型进行转换,这种转换有时候会丢失数据或者削减数据的精度。显式转换一般也叫强制类型转换,其一般格式如下。

(目标类型)源数据

从位数多的转换为位数少的类型,可能会导致数据的丢失,例如下面的例子。

```
ushort s=257;
byte b=(byte)s;
```

我们都知道 byte 类型只有 1 个字节(8bit)的空间,能存储的最大值为 255。当把一个具有 2 个字节(16bit)的空间数据类型 ushort 转换成 byte 时,就会导致数据的丢失,这时会把 8~15bit 数据都扔掉,再赋值给 b,所以 b 的值为 1。其转换内存示意图如图 2-7 所示。

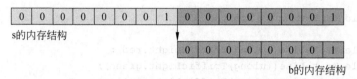

图 2-7 强制转换内存示意图

以上这种强制类型转换默认会导致数据的丢失,那么怎么才能不让这种事情发生呢？C♯提供了 checked 运算符帮助我们检查是否有数据的丢失,如果没有写该运算符,默认不进行丢失数据的检测。例如:

```
ushort s=257;
byte b=checked((byte))s;
```

这时候编译器就会对强制类型转换进行检测,如果有数据丢失,就会抛出一个异常。以上这个例子就会抛出算术运算导致溢出的异常。

C♯还提供了 Convert 类来处理数据类型之间的相互转换,常用的方法有 ToChar()、ToInt32()、ToString()、ToDateTime()等,分别表示转换为字符、整型、字符串、日期类型。使用最多的是将整数转换为字符串的代码,例如通过以下转换,使 st="123"。

```
int i=123;
string st=Convert.ToString(i);
```

C♯在类类型强制转换过程中容易出现不安全的状况,这时候可以用运算符 is 或者 as 进行判断,然后再进行转换,避免出现安全隐患。

2.2 运算符和表达式

C♯提供了丰富的运算符,常见的有简单算术运算符、自增自减运算符、赋值运算符、关系运算符、逻辑运算符、移位运算符等。有了这些运算符,就可以使用这些运算符和操作数组成各种表达式,下面将介绍这些运算符。

2.2.1 简单算术运算符

C♯中简单算术运算符包括加(+)、减(-)、乘(*)、除(/)、求余数(%)。这些运算符都是二元左结合的运算符,优先顺序与数学中一样,先算乘、除、求余数,再算加、减。详细描述如表 2-4 所示。

表 2-4 简单算术运算符

运算符	名称	描述
＋	加	计算两个操作数的和
－	减	计算第一操作数减去第二操作数的差
＊	乘	计算两个操作数的积
／	除	计算第二个操作数除第一个操作数,是整数除法,会舍去小数部分
％	求余	计算第二个操作数除第一个操作数,返回余数,舍去商

【例 2-6】 简单运算符的运用。

```
int a=5;
int b=3;
int sum=a+b;         //sum=8,计算变量 a 和 b 的和
int cha=a-b;         //cha=2,计算变量 a 和 b 的差
int ji=a*b;          //ji=15,计算变量 a 和 b 的积
int s=a/b;           //s=1,计算变量 a 除以 b 的商
int y=a%b;           //y=2,计算变量 a 除以 b 的余数
```

2.2.2 自增和自减运算符

自增运算符和自减运算符都是一元运算符,它们都有前置和后置两种形式,这两种形式产生的结果完全不一样。前置形式中,运算符放在操作数的前面,如＋＋x、－－x;后置形式中,运算符放在操作数的后面,如 x＋＋、x－－。详细描述如表 2-5 所示。

表 2-5 自增和自减运算符

运算符	名 称	描 述
++	前置自增++x	变量的值加 1,然后返回变量的新值
++	后置自增 x++	变量的值加 1,然后返回自增之前的旧值
－－	前置自减－－x	变量的值减 1,然后返回变量的新值
－－	后置自减 x－－	变量的值减 1,然后返回自减之前的旧值

不管是前置还是后置形式,最终操作数的值是一样的,不同的是返回给表达式的值不一样。

【例 2-7】 一个自增和自减的例子。

```
static void Main(string[] args)
{
    int x, y, i, j;
    x=y=i=j=1;
    int x1=++x;
    int y1=y++;
    int i1=--i;
    int j1=j--;
    Console.WriteLine("x={0},x1={1}", x, x1);
    Console.WriteLine("y={0},y1={1}", y, y1);
```

```
            Console.WriteLine("i={0},i1={1}", i, i1);
            Console.WriteLine("j={0},j1={1}", j, j1);
            Console.Read();
        }
```

程序运行结果如图2-8所示。

图 2-8 例 2-7 的运行结果

2.2.3 赋值运算符

赋值运算符是把运算符右边的表达式求值,然后赋值给运算符左边的变量表达式。赋值运算符是二元运算符。常用的赋值运算符如表2-6所示。

表 2-6 赋值运算符

运 算 符	描 述
=	简单赋值,计算运算符右边表达式的值然后赋值给左边的变量
+=	复合赋值,等价于 x=x+y
-=	复合赋值,等价于 x=x-y
*=	复合赋值,等价于 x=x*y
/=	复合赋值,等价于 x=x/y
%=	复合赋值,等价于 x=x%y
<<=	复合赋值,等价于 x=x<<y
>>=	复合赋值,等价于 x=x>>y
&=	复合赋值,等价于 x=x&y
|=	复合赋值,等价于 x=x|y
^=	复合赋值,等价于 x=x^y

简单赋值,如 x=5,把5赋值给变量 x;再如 y=x,把 x 的值赋值给 y,y=5;又如 x=y+z,先计算 y+z 的值,然后赋值给 x。复合赋值,如 x*=y+z,先计算 y+z 的值,然后乘以 x 的值,再赋值给 x,等价于 x=x*(y+z)。

2.2.4 关系运算符

关系运算符是二元运算符,用来判断两个操作数之间的关系,返回的类型为bool类型,如果两个操作数相等则返回 true,不相等则返回 false。常用的关系运算符如表2-7所示。

当比较值类型数据的时候,会比较两个操作数的值;当比较引用类型数据的时候,大多数比较它们的引用,也就是说如果这两个操作数指向内存中的同一个对象,它们就相等,这种比较称为浅比较。string 类型比较特殊,虽然 string 类型是引用类型,但是对于字符串的比较,是比较字符串的长度以及每个字符,如果都相等则相等;否则就不相等,这种比较称为深比较。

表 2-7　关系运算符

运算符	名　称	描　述
>	大于	第一个操作数大于第二个操作数则返回 true,否则返回 false
<	小于	第一个操作数小于第二个操作数则返回 true,否则返回 false
>=	大于等于	第一个操作数大于等于第二个操作数则返回 true,否则返回 false
<=	小于等于	第一个操作数小于等于第二个操作数则返回 true,否则返回 false
==	等于	第一个操作数等于第二个操作数则返回 true,否则返回 false
!=	不等于	第一个操作数不等于第二个操作数则返回 true,否则返回 false

2.2.5　逻辑运算符

C♯中条件逻辑运算符有与(&&)、或(||)、非(!),用来比较或者否定操作数的逻辑值,返回值的类型为 bool。除了这三种逻辑运算符,C♯还提供了按位的逻辑运算符与(&)、或(|)、非(~)、异或(^)。除了"非"运算符以外,其他的逻辑运算符都是二元运算符,详细描述如表 2-8 所示。

表 2-8　逻辑运算符

运算符	名　称	描　述
&&	与	两个操作数都为真,结果为真,否则为假
||	或	至少一个操作数为真,结果为真,否则为假
!	非	操作数为真,结果为假;操作数为假,结果为真
&	按位与	操作数的二进制按位与运算,两个都为 1,结果为 1,否则为 0
|	按位或	操作数的二进制按位或运算,至少一个为 1,结果为 1,否则为 0
~	按位非	两个操作数的二进制按位非运算,每位都取反
^	按位异或	两个操作数的二进制按位异或运算,不同为 1,相同则为 0

条件逻辑运算符中,只要这个运算结果能够确定,就不会进行后面的计算。比如 bool b=(5==6)&&(3==3),前面的 5==6 的结果为假,又是与运算,那么不管后面的结果是什么,都不会影响 b 的值,即 b=false,因此后面的运算就不会进行。在这种情况下,后面就不要再出现改变变量值的运算,因为很有可能让改变失效。又如 bool b1=(3==3)||(5==6),前面的 3==3 的运算结果为真,又是或运算,因此 b1=true,后面的运算则不会进行。

按位逻辑运算中,比较两个操作数每个位置的位,然后返回结果,如 x=3,y=4,求 x^y 异或的值为 7。x 为 0011,y 为 0100,每个位置不同为 1,相同为 0,结果为 0111=7。

2.2.6　移位运算符

移位运算符是把操作数按位置向左或者向右移动,空出的位置用 0 或者 1 填充。对于一个正数,向左移动 1 位相当于这个数乘以 2;向右移动 1 位,相当于除以 2,这种移位运算符计算乘、除法的效率是最高的。例如,a=3<<2 是把 3 左移 2 位,等价于 3 乘以 4,值为 12;b=8>>2 是把 8 右移 2 位,等价于 8 除以 4,值为 2。

2.2.7 typeof 运算符

typeof 运算符作为返回它参数的 System.Type 对象,通过这个对象可以得到类型的公有字段和方法。typeof 运算符不能重载,但是能被 GetType()方法调用,该方法对任何类型的任何对象都有效。例如,对于类 A,如果有 Type t = typeof(A),那么对象 t 分别调用 GetFields()和 GetMethods()方法就可获取到类 A 的所有公有字段与方法。

2.2.8 运算符优先级和结合性

在计算表达式时,当出现多个运算符和多个表达式时,将按照运算符的优先级和结合性决定运算顺序。表 2-9 列出了运算符的优先级和结合性,从上到下依次降低。

表 2-9 运算符优先级和结合性

运算符	结合性	运算符	结合性
++ --	右结合性	^	左结合性
* / %	左结合性	|	左结合性
+ -	左结合性	&&	左结合性
>> <<	左结合性	||	左结合性
> <	左结合性	? :	左结合性
== !=	左结合性	赋值运算符	右结合性
&	左结合性		

2.2.9 运算符的重载

C#的运算符被定义为使用预定义的类型来运算操作数,当运算符遇到用户自定义的类型时(如结构体、类类型、运算符),经常不知道该如何处理。面对这种情况,C#提供了运算符的重载来解决。

运算符的重载只能用于结构和类,通常使用关键词 operator 后加运算符进行标记。注意,并不是所有的运算符都可以被重载,如赋值运算符就不能被重载。一般用得最多的重载是简单运算符和关系运算符。运算符的重载并不能创建一个新的运算符,也不能改变运算符的语法和优先级结合性。

【例 2-8】 下面的例子对"+"进行重载。如果没有对加号进行运算符的重载,编译器就不认识运算符两边的两个操作数,此时就会报错。

```
namespace OperatorDemo
{
    struct point
    {
        public int x;
        public int y;
        public static point operator+(point p1, point p2)
        {
            point p;
```

```
            p.x=p1.x+p2.x;
            p.y=p1.y+p2.y;
            return p;
        }
    }
    class Program
    {
        static void Main(string[] args)
        {
            point p1, p2, p3;
            p1.x=1; p1.y=1;
            p2.x=2; p2.y=2;
            p3=p1+p2;            //"+"用于操作两个结构类型
            Console.WriteLine("p1.x={0},p1.y={1}", p1.x, p1.y);
            Console.WriteLine("p2.x={0},p2.y={1}", p2.x, p2.y);
            Console.WriteLine("p3.x={0},p3.y={1}", p3.x, p3.y);
            Console.Read();
        }
    }
}
```

程序运行结果如图 2-9 所示。

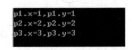

图 2-9 例 2-8 的运行结果

2.3 控制结构

一个完整的 C♯ 应用程序由若干条语句组成。通常程序按照先后顺序依次执行每一条语句,如果要改变语句的执行顺序,就要使用选择结构、循环结构或者跳转结构。

2.3.1 选择结构

选择结构用来处理有分支或者判断条件的语句,包括简单判断 if 结构、if...else 结构、if...else if 结构、switch 结构以及嵌套判断条件结构。

1. if 语句

if 语句也叫条件语句,按照条件选择执行,其语法格式如下。

```
if(表达式)
{
    语句块;
}
```

如果语句块只有一条语句,一般大括号可以省略;如果大于一条,则大括号不能省略。

if 语句的流程图如图 2-10 所示。

例如，x、y、z 为整型变量，"if(x>10) y=x+5;"语句块只有一条语句，可以省略大括号。

又如，"if(x>10){y=x+8;z=x*5;}"语句块有两条语句，所以必须加上大括号。如果表达式为真，执行语句块的语句；否则就跳过语句块继续执行下面的语句。

2. if...else 语句

if...else 语句实现双路分支，如果表达式为真，执行语句块 1；否则执行语句块 2。其语法格式如下。

```
if(表达式)
{
    语句块 1;
}
else
{
    语句块 2;
}
```

if...else 语句的流程图如图 2-11 所示。

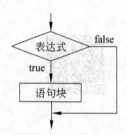
图 2-10 if 语句的流程图

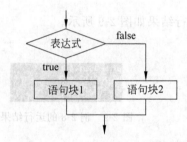
图 2-11 if...else 语句的流程图

例如，x、y、z 为整型变量。

```
if(x>10)
    y=x+5;
else
{
    y=3*x+5;
    z=x-5;
}
```

3. if...else if 语句

当判断语句有很多分支时，使用 if...else if 语句会提高程序的可读性，其语法格式如下。

```
if(表达式 1)
{
    语句块 1;
}
else if(表达式 2)
{
    语句块 2;
```

```
}
...
else if(表达式 n)
{
    语句块 n;
}
else
{
    语句块 n+1;
}
```

如果表达式 1 为真,就执行语句块 1;否则就判断表达式 2。如果表达式 2 为真,就执行语句块 2;否则就判断表达式 n。如果表达式 n 为真,就执行语句块 n;否则所有条件都不满足,就执行语句块 n+1。if...else if 多分支语句的流程图如图 2-12 所示。

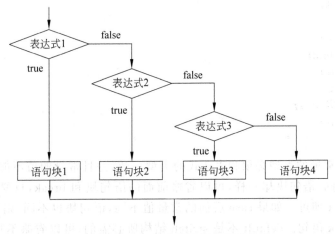

图 2-12　if...else if 多分支语句的流程图

【例 2-9】　学生的成绩大于等于 90 分为优,大于等于 80 分且小于 90 分为良,大于等于 70 分且小于 80 分为中,大于等于 60 分且小于 70 分为及格,小于 60 分为不及格。对于这种多分支的情况,可使用 if...else if 语句表示。

```
static void Main(string[] args)
{
    Console.Write("输入您的成绩:");
    int score=int.Parse(Console.ReadLine());
    if (score>=90)
        Console.WriteLine("您的等级是【优】");
    else if(score>=80&&score<90)
        Console.WriteLine("您的等级是【良】");
    else if (score>=70 && score<80)
        Console.WriteLine("您的等级是【中】");
    else if (score>=60 && score<70)
        Console.WriteLine("您的等级是【及格】");
    else
        Console.WriteLine("您的等级是【不及格】");
```

```
        Console.Read();
}
```

4. switch 语句

当分支条件很多时，除了使用 if…else if 结构以外，还可以使用 switch 结构进行处理，其语法格式如下。

```
switch(表达式)
{
    case 常量 1：
        语句块 1；
        break；
    case 常量 2：
        语句块 2；
        break；
    …
    case 常量 n：
        语句块 n；
        break；
    default：
        语句块 n+1；
        break；
}
```

以上格式里常量的类型必须和表达式的类型一致，并且常量的值不能相同。如果 case 后面常量的值不同，语句块却一样，可以省略前面的语句块和 break，只要在最后的语句块后面加一个 break 即可。如果 case 后面的常量值不同，语句块也不同，则每个 case 语句块后面都要加 break 语句。default 不是 switch 结构所必需的，可以省略不写，但是一般写默认值时需写在 default 中。其语句流程图如图 2-13 所示。

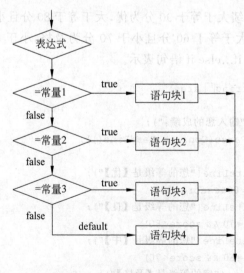

图 2-13　switch 语句流程图

【例 2-10】 使用 switch 结构编写的例 2-9 的代码如下。

```
static void Main(string[] args)
{
    Console.Write("输入您的成绩:");
    int score=int.Parse(Console.ReadLine());
    switch (score / 10)
    {
        case 10:
        case 9:
            Console.WriteLine("您的等级是【优】");
            break;
        case 8:
            Console.WriteLine("您的等级是【良】");
            break;
        case 7:
            Console.WriteLine("您的等级是【中】");
            break;
        case 6:
            Console.WriteLine("您的等级是【及格】");
            break;
        default:
            Console.WriteLine("您的等级是【不及格】");
            break;
    }
    Console.Read();
}
```

2.3.2 循环结构

循环结构可以提高编写程序的效率。当需要反复做同样的事情时,可用循环结构进行处理。循环结构通常包括 while 语句、do...while 语句、for 语句、foreach 语句。

1. while 语句

while 语句是一种简单的先判断条件表达式后执行的循环结构,其语法格式如下。

```
while(表达式)
{
    语句块;
}
```

其中,表达式的返回值类型必须是 bool 类型,用来判断表达式是否成立。语句块是循环执行的语句,如果表达式为真,就一直执行语句块。特别需要注意的是,表达式如果永远为真就是一个死循环,会一直执行下去。当表达式为假,就退出循环,继续执行语句后面的语句。while 语句的流程图如图 2-14 所示。

【例 2-11】 输入 6 位学生的成绩,输出学生成绩的等级。

```
static void Main(string[] args)
{
```

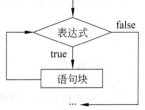

图 2-14 while 语句的流程图

```
        int count=0;
        while(count<6)
        {
            Console.Write("输入您的成绩:");
            int score=int.Parse(Console.ReadLine());
            switch (score / 10)
            {
                case 10:
                case 9:
                    Console.WriteLine("您的等级是【优】");
                    break;
                case 8:
                    Console.WriteLine("您的等级是【良】");
                    break;
                case 7:
                    Console.WriteLine("您的等级是【中】");
                    break;
                case 6:
                    Console.WriteLine("您的等级是【及格】");
                    break;
                default:
                    Console.WriteLine("您的等级是【不及格】");
                    break;
            }
            count++;
        }
        Console.Read();
    }
```

输入 6 位同学的成绩,程序运行结果如图 2-15 所示。

图 2-15 例 2-11 的运行结果

2. do…while 语句

do…while 语句是一种简单的先执行后判断的循环结构,其语法格式如下。

```
do
{
    语句块;
}
while(表达式);    //这里的分号是必需的,不能丢掉
```

这种结构先执行语句块,然后判断表达式,如果为真就继续执行语句块;如果为假就跳

40

出循环,继续执行后面的语句。其结构流程图如图 2-16 所示。

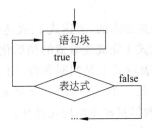

图 2-16 do...while 语句流程图

【例 2-12】 使用 do...while 语句编写的例 2-11 的代码如下。

```
static void Main(string[] args)
{
    int count=0;
    do
    {
        Console.Write("输入您的成绩:");
        int score=int.Parse(Console.ReadLine());
        switch (score / 10)
        {
            case 10:
            case 9:
                Console.WriteLine("您的等级是【优】");
                break;
            case 8:
                Console.WriteLine("您的等级是【良】");
                break;
            case 7:
                Console.WriteLine("您的等级是【中】");
                break;
            case 6:
                Console.WriteLine("您的等级是【及格】");
                break;
            default:
                Console.WriteLine("您的等级是【不及格】");
                break;
        }
        count++;
    }
    while (count<6);
    Console.Read();
}
```

3. for 语句

for 语句和 while、do...while 结构一样,也是简单的循环结构,其语法格式如下。

for(表达式 1;表达式 2;表达式 3)
{

```
    语句块;
}
```

其中,for 里面除了两个分号是必需的,表达式 1、表达式 2 和表达式 3 都不是必需的。表达式 1 完成变量值的初始化,也可以放在 for 语句的外面完成。表达式 2 是判断条件,用来判断是否退出循环,如果表达式 2 是空的,表示是一个死循环。除非真需要用到死循环,否则一般尽量避免出现死循环。表达式 3 是迭代表达式,完成变量值的改变,也可放在 for 语句中完成。for 语句流程图如图 2-17 所示。

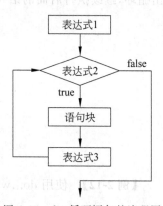

图 2-17 for 循环语句的流程图

【例 2-13】 一个 for 循环使用的例子。

```
static void Main(string[] args)
{
    for (int i=0, j=1; i<6; i+=2, j+=3)
    {
        Console.WriteLine("i={0},j={1}",i,j);
    }
    Console.Read();
}
```

上例中两个初始变量 i 和 j 的初始值分别为 0 和 1,判断条件为 i<6;迭代条件有两个,分别为每次 i+2 和每次 j+3。当 i<6 时退出循环,否则就执行循环里的语句块,程序运行结果如图 2-18 所示。

4. foreach 语句

foreach 语句是一种对集合或者数组元素访问只读的循环,不能修改数组或集合的元素,也无法知道集合元素的索引。如果需要修改集合或者数组的元素以及获取元素的索引,就需要使用其他的循环。其语法格式如下。

```
foreach (迭代类型 迭代变量名 in 集合)
{
    语句块;
}
```

foreach 循环每次从集合数组中访问一个元素,如果访问完毕就退出循环,没有访问完就继续访问集合中的下一个元素。foreach 语句流程图如图 2-19 所示。

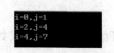

图 2-18 例 2-13 的运行结果

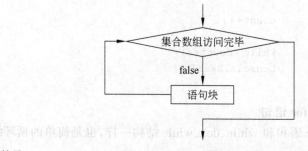

图 2-19 foreach 语句的流程图

【例 2-14】 统计输入字符的个数。

```
static void Main(string[] args)
{
    int count=0;
    string str=Console.ReadLine();
    foreach (char item in str)
    {
        count++;
    }
    Console.WriteLine("您一共输入了{0}个字符",count);
    Console.Read();
}
```

字符串是字符的集合,因此可以用 foreach 遍历访问集合的每个元素,每次访问一个元素,个数加 1。当访问完毕就退出循环,统计访问字符的个数。程序运行结果如图 2-20 所示。

图 2-20 例 2-14 的运行结果

2.3.3 跳转结构

有时候当已满足某个条件,需要在循环里提前结束循环继续往下执行,这时就需要使用跳转语句。C♯中提供的跳转语句有 break、continue、goto 等,最常用的是 break 和 continue。

1. break 语句

在前面的内容里已经看到 break 在 switch 语句中的使用,它还可以在循环语句中使用。当循环语句中使用了 break 语句,就会结束 break 语句所在的这个循环,跳出这个循环,继续往下执行。

【例 2-15】 i 的初始值为 0,每次增加 1,循环条件为死循环,当 i 自增到大于 5 时结束死循环,否则输出这个数。

```
static void Main(string[] args)
{
    for (int i=0; ; i++)
    {
        if(i>5)
            break;
        else
            Console.Write(i+"  ");
    }
    Console.Read();
}
```

程序运行结果如图 2-21 所示。

图 2-21　例 2-15 的运行结果

2. continue 语句

continue 语句只能使用在循环结构里。与 break 语句不同的是，continue 语句是跳出本次循环到这个循环的迭代条件中进行判断，从而进行下一次循环。

【例 2-16】　求 1~10 中不是 3 的倍数的数。

```
static void Main(string[] args)
{
    for(int i=1; i<10;i++)
    {
        if(i%3==0)
            continue;
        else
            Console.Write(i+"");
    }
    Console.Read();
}
```

在 1~10 中循环，遇到 3 的倍数就跳出本次循环，进行下一次循环，程序运行结果如图 2-22 所示。

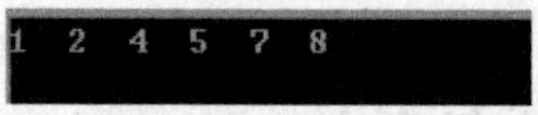

图 2-22　例 2-16 的运行结果

2.4　小结

本章首先介绍了 C# 中的预定义数据类型和用户自定义的类型种类以及用法，然后讲解了 C# 中的运算符以及表达式的定义和用法，最后讲解了 C# 中程序的选择结构、循环结构，以及跳转结构的语法和使用。

习题

一、选择题

1. 下面不是值类型的是（　　）。
   A. 布尔类型　　　　B. 结构类型　　　　C. 枚举类型　　　　D. string 类型
2. 下面不可以定义为常量的是（　　）。
   A. 光速　　　　　　　　　　　　　　　B. 圆周率
   C. 每年的月份数　　　　　　　　　　　D. 一年内总秒数

3. 下列有关 while 和 do...while 语句的描述中,不正确的是( )。
   A. 都可以实现死循环
   B. while 语句可以执行零次或多次
   C. while 语句至少执行一次
   D. while 语句与 do...while 语句可以相互替换
4. 仔细查看下面的这段代码,程序运行后,其输出结果应该为( )。
   A. 3,3   B. 2,3   C. 3,2   D. 2,2

```
static void Main(string[] arga)
{
    int i=0;
    int j=0;
    while(i<3)
    {
        i++;
        if(i>2)
        break;
        ++j;
    }
    Console.WriteLine(i);
    Console.WriteLine(j);
}
```

5. 以下的数组声明语句中,正确的是( )。
   A. int a[3];   B. int[3] a;
   C. int[][] a=new int[][];   D. int[] a={1,2,3};
6. 已知 int[][] arr=new int[3][]{new int[3]{5,6,2},new int[5]{6,9,7,8,3} new int[2]{3,2}},则 arr[2][2] 的值是( )。
   A. 9   B. 1   C. 6   D. 越界
7. 下面的代码运行后输出的结果是( )。
   A. 00231   B. 12300   C. 00132   D. 00123

```
int[] num=new int[5]{1,3,2,0,0};
Array.Reverse(num);
foreach(int i in num)
{
    Console.Write(i);
}
```

二、填空题

1. C# 有两个预定义引用类型,分别是_____和_____。
2. 在 C# 中,下列代码运行后,变量 intNum 的值是_____

```
int a=4,b=9,c=12,intNum=0 ;
intNum=a<b?a:b;
intNum=c>intNum ?c: intNum;
```

3. 在 switch 语句中,若表达式的值与各个 case 分支的常量表达式都不符合,则程序将执行_____分支的语句块。

4. 在一个循环语句中若要终止本次循环,可以使用_____语句;若要跳出这个循环语句,可以使用_____语句。

5. 下面的代码使用 while 循环计算 1~100 的累加和,请补充完整。

```
int iNum=1;int iSum=0;
while(iNum<=100)
{
    _____;
    iNum++;
}
Console.WriteLine("1 到 100 的累加结果是: "+iSum);
```

三、编程题

1. 输入 1~7,显示对应中文星期几。比如,输入 7,则输出星期天。

2. 编写一个程序,定义常量 PI=3.14159265,从键盘上输入半径,求出面积。

3. 分别使用 for、while、do…while 语句编程,求 1~100 中所有奇数的和及所有偶数的和。

第3章 面向对象程序设计概述

3.1 面向对象的基本概念

在程序开发初期人们使用结构化开发语言,但随着软件的规模越来越庞大,结构化语言的弊端也逐渐暴露出来,开发周期被无休止地拖延,产品的质量也不尽如人意,结构化语言已经不再适合当前的软件开发,这时人们开始将另外一种开发思想引入程序中,即面向对象的开发思想。面向对象思想是人类最自然的一种思考方式,它将所有预处理的问题抽象为对象,同时这些对象具有相应的属性以及行为,以解决现实世界中面临的一些实际问题,这样就在程序开发中引入了面向对象设计的概念。面向对象设计实质就是对现实世界的对象进行建模操作。

3.1.1 对象

现实世界中,随处可见的一种事物就是对象,对象是事物存在的实体,如人类、书籍、计算机、高楼大厦等。人类解决问题的方式总是将复杂的事物简单化,于是就会思考这些对象都是由哪些部分组成的。通常都会将对象划分成两部分,即静态部分和动态部分。静态部分是对象静态信息的描述,与行为无关,其中每一项信息被称为对象的"属性",任何对象都会具备若干属性,比如一个人,会包括性别、身高和出生日期等属性。确定对象的属性并进行描述是面向对象分析和设计的重要工作,但这远远不够,还需要进一步探讨对象信息的加工和处理问题,以保证对象对信息的采集,保证能响应外部世界的信息处理要求并返回准确的处理结果。例如一个人有哭泣、微笑、说话、行走等行为,这些行为或动态被称为对象的动态部分,有时又称为操作或服务。面向对象的思想就是通过探讨对象的属性和观察对象的行为来了解对象。

3.1.2 类

类是现实世界在计算机中的反映,类是一组具有相同属性和行为的对象的抽象。以上面的人作为例子,把每个人的共性抽取出来,就可以形成一个人类的类,人类的静态属性就是性别、身高和出生日期等,动态属性就是哭泣、微笑、说话和行走等。在面向对象程序设计中,静态属性称为属性,动态属性称为方法。"不管白猫黑猫,抓到老鼠就是好猫"这句话中存在两个对象——白猫和黑猫,它们都具有一个抓老鼠的行为,从中可以抽象出一个概念——猫。

3.1.3　类与对象的关系

在计算机的世界中,面向对象程序设计的思想要以对象的角度思考问题,首先要将现实世界的事物抽象为对象,然后考察这个对象具备的属性和行为。例如我们看到一头大象正从森林里走出来,试着以面向对象的思想描述此现象并抽象出对象。其步骤如下。

(1) 可以从问题所描述的事物中抽象出对象,这里抽象出来的对象是大象。

(2) 识别这个对象的属性。对象具备的属性都是静态属性,如大象有长长的鼻子、大大的耳朵、粗壮的腿、圆嘟嘟的身体等。这些属性如图 3-1 所示。

(3) 识别这个对象的动态行为,即这头大象可以进行的动作,如吃食物、走路、喝水和嬉戏等,这些行为都是因为这个对象基于其属性而具有的动作,对象行为如图 3-2 所示。

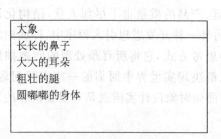
图 3-1　识别对象的属性

图 3-2　识别对象的行为

(4) 识别出这些对象的动态行为,即完成这头大象的定义,然后根据这头大象具有的特性制订这头大象要从森林里走出来的具体方案。

究其本质,所有的大象都具有以上的属性和行为,可以将这些属性和行为封装起来以描述大象这类动物。由此可见,类实质上就是封装对象属性和行为的载体,而对象则是类抽象出来的一个实例,根据类创建实例的过程,就是一个实例化的过程。

3.1.4　面向对象的特征

面向对象程序设计具有以下 3 个特征。

1. 封装性

封装性是面向对象编程的核心思想,即将对象的属性和行为封装起来,而将对象的属性和行为封装起来的载体就是类,类通常对客户隐藏其实现细节,这就是封装的思想。例如,用户使用计算机,只需要使用手指敲击键盘就可以实现一些功能,用户无须知道计算机内部是如何工作的,即使用户可能知道计算机的工作原理,但在使用计算机时并不完全依赖于计算机工作原理这些细节。

采用封装的思想保证了类内部数据结构的完整性,应用该类的用户不能直接操作此数据结构,而只能执行类允许公开的数据,这样就避免了外部对内部数据的影响,提高了程序的可维护性。

2. 继承性

继承是类不同抽象级别之间的关系。类的定义主要有两种方法,即归纳法和演绎法。

由一些特殊类归纳出来的一般类称为这些特殊类的父类,特殊类称为一般类的子类;同样,父类可演绎出子类。父类是子类更高级别的抽象,子类可以继承父类的所有内部状态和运动规律。在计算机软件开发中采用继承性,提供了类的规范的等级结构;通过类的继承关系,使公共的特性能够共享,提高了软件的重用性。

继承性是子类自动共享父类之间数据和方法的机制。它由类的派生功能体现,一个类直接继承其他类的全部描述,同时可修改和扩充。继承具有传递性,继承分为单继承(一个子类只有一个父类)和多重继承(一个类有多个父类)。类的对象是各自封闭的,如果没有继承性机制,则类对象中数据、方法就会出现大量重复。继承不仅支持系统的可重用性,还可以促进系统的可扩充性。

广义来说,继承是指能够直接获得已有的性质与特性,而不必重复定义它们。在 OO(Object Oriented,面向对象)软件技术中,继承是子类自动共享基类中定义的数据和方法的机制。继承性使得相似的对象可以共享程序代码和数据结构,从而大大减少了程序中的冗余信息。当允许一个类只能继承另一个类时,类的继承就是单继承,比如 C#语言中,一个类继承另一个类时只能是单继承,而 C++语言中允许一个类继承多个类。

3. 多态性

多态性是指同名的方法可在不同的类中具有不同的运动规律。在父类演绎为子类时,类的运动规律也同样可以演绎,演绎使子类的同名运动规律或运动形式更具体,甚至子类可以有不同于父类的运动规律或运动形式,不同的子类可以演绎出不同的运动规律。

对象根据所接收的消息而做出动作,同一消息被不同的对象接收时可产生完全不同的行动,这种现象称为多态性。利用多态性用户可发送一个通用的信息,而将所有的实现细节都留给接收消息的对象自行决定,同一消息即可调用不同的方法。例如,Print 消息被发送给图或表时调用的打印方法,与将同样的 Print 消息发送给正文文件而调用的打印方法完全不同。多态性的实现受到继承性的支持,利用类继承的层次关系,把具有通用功能的协议存放在类层次中尽可能高的地方,而将实现这类功能的不同方法置于较低层次,这样在这些低层次上生成的对象就能给通用消息以不同的响应。在 OOPL(Object Oriented Programming Language,面向对象编程语言)中可通过在派生类中重定义基类函数(定义为重载函数或虚函数)来实现多态性。

子类对象可以像父类对象那样使用,同样的消息既可以发送给父类对象,也可以发送给子类对象。也就是说,在父类与其子类之间共享一个行为的名字,但是却可以按各自的实际需要加以实现。多态性机制不仅增加了面向对象软件系统的灵活性,也进一步地减少了信息的冗余。

3.2 类的定义

类是一种数据结构,它包括数据成员(常量和域)、成员函数(方法、属性、事件、索引器、运算符、构造函数和析构函数)和嵌套类型。

类实际上是对某种类型的对象定义变量和方法的原型,它表示对现实生活中一类具有共同特征的事物的抽象,是面向对象编程的基础。在 C#中,除了内置的基本类(即数据类型),如 int、float、double 之外,其他类都必须由程序员自己定义。

3.2.1 类的声明和实例化

在 C#语言中,类使用 class 关键字来声明,其语法格式如下。

```
类修饰符 class 类名
{
}
```

例如,下面以学生为例声明一个类。代码如下。

```
public class student
{
    public string name;              //姓名
    public DateTime birthday;        //出生日期
    public string hometown;          //家乡
}
```

其中,public 是类的修饰符。下面介绍常用的 7 种类修饰符。

(1) new:仅允许在嵌套类声明时使用,表明类中隐藏了由基类中继承而来的、与基类中同名的成员。

(2) public:不限制对该类的访问。

(3) protected:只能从其所在类和所在类的子类(派生类)进行访问。

(4) internal:只有其所在类才能访问。

(5) private:只有.NET 中的应用程序或库才能访问。

(6) abstract:抽象类,不允许建立类的实例。

(7) sealed:密封类,不允许被继承。

对学生类进行实例化:

```
student zhangsan=new student();      //实例化一个学生类:张三
```

3.2.2 类的数据成员和属性

类的定义包括类头和类体两部分,其中,类头是使用 class 关键字定义的类名;类体是用一对大括号{}括起来的。在类体中主要定义类的成员,主要包括字段、属性、方法、构造函数、事件、索引器等。本小节将对类的数据成员和属性进行讲解。

1. 数据成员

数据成员包括类要处理的数据,包括常量和字段。

- 常量:代表与类相关的常数值,是在类中声明的值在程序中一直保持不变的量。
- 字段:类中的变量。

【例 3-1】 创建一个学生类,学生类中有姓名字段、所属学院等常量。

创建控制台程序,程序代码如下。

```
class Student
{
    private string sName;                //定义姓名字段 sName
```

```
    private const string sDepartment="Software";    //定义常量 sDepartment
    static void Main(string[] args)
    {
        Student s=new Student();                     //实例化学生对象
    }
}
```

2. 属性

属性是对现实实体特征的抽象,提供对类或对象的访问。类的属性描述的是状态信息,在类的实例中,属性的值表示对象的状态值。属性不表示具体的存储位置。属性有访问器,这些访问器指定在它们的值被读取或写入时需要执行的语句。从以上描述可知,属性提供了一种机制,把读取和写入对象的某些特征与一些操作关联起来,程序员可以像使用公共数据成员一样使用属性。属性的声明格式如下。

```
修饰符 类型 属性名
{
    get {get 访问器体}
    set {set 访问器体}
}
```

- 修饰符:指定属性的访问级别。
- 类型:指定属性的类型,可以是任何的预定义或自定义类型。
- 属性名:一种标识符,命名规则与字段相同,但是属性名的第一个字母通常都是大写。
- get 访问器:相当于一个具有属性类型返回值的无参数方法,它除了作为赋值的目标外,当在表达式中引用属性时,将调用该属性的 get 访问器计算属性的值。get 访问器必须用 return 语句返回,并且所有的 return 语句都必须返回一个可隐式转换为属性类型的表达式。
- set 访问器:相当于一个具有单个属性类型值参数和 void 返回类型的方法。set 访问器的隐式参数始终命名为 value。当一个属性作为赋值的目标被引用时就会调用 set 访问器,所传递的参数将提供新值。不允许 set 访问器中的 return 语句指定表达式。由于 set 访问器存在隐式的参数 value,所以 set 访问器中不能自定义使用名称为 value 的局部变量或常量。

提示:根据是否存在 get 和 set 访问器,属性可以分为以下 3 种。
- 可读可写属性:包含 get 和 set 访问器。
- 只读属性:只包含 get 访问器。
- 只写属性:只包含 set 访问器。

【例 3-2】 创建一个学生类,学生类中有姓名字段、姓名属性和所属学院常量。创建控制台程序,程序代码如下。

```
class Student
{
    private string sName;                            //定义姓名字段 sName
    private const string sDepartment="Software";    //定义常量 sDepartment
    public string Name                               //定义属性姓名 Name
```

```
            get
            {
                return sName;
            }
            set                                    //设置属性值(字段值)
            {
                this.sName=value;
            }
        }
        public string Department              //只读属性 Department 用于获取常量的值
        {
            get
            {
                return sDepartment;
            }
        }
        static void Main(string[] args)
        {
            Student s=new Student();           //实例化学生对象
            s.Name="ZhangSan";                 //设置属性值
            Console.WriteLine(s.Name);         //输出属性值
            Console.WriteLine(s.Department);
            Console.ReadLine();
        }
```

程序运行结果如图 3-3 所示。

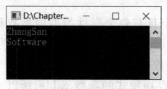

图 3-3　例 3-2 的运行结果

3.2.3　类的可访问性

在 C♯语言中,对类可以使用 public 和 internal 访问控制修饰符限制其是否可见。
- public:设定公开类,它可以被本工程和其他工程的代码访问。
- internal:只能被当前工程的代码访问。

【例 3-3】 类的访问修饰符示例。

创建一个控制台应用程序,取名为 Chapter03_03。在本项目中创建一个公开类 pubclass 和一个内部类 inclass,通过另一个工程项目对两个类的访问来理解访问修饰符 public 和 internal 的含义。

```
namespace Chapter03_03
{
```

```
public class pubclass
{
    private string name;
    public pubclass(string n)
    {
        name=n;
        Console.WriteLine("公开类已经初始化");
    }
    public void display()
    {
        Console.WriteLine(name);
    }
}
internal class inclass
{
    private string name;
    public inclass(string n)
    {
        name=n;
        Console.WriteLine("内部类已经初始化");
    }
    public void display()
    {
        Console.WriteLine(name);
    }
}
class Program
{
    static void Main(string[] args)
    {
        pubclass p1=new pubclass("张三");
        p1.display();
        inclass p2=new inclass("李四");
        p2.display();
        Console.ReadLine();
    }
}
```

程序运行结果如图 3-4 所示。

图 3-4　例 3-3 的运行结果

【例 3-4】 创建一个名为 Chapter03_04 的控制台程序,在项目的"解决方案资源管理器"窗口中右击"引用",在弹出的快捷菜单中选择"添加引用"命令,再选择 Chapter03_04.exe 项目文件,单击"添加"按钮即可,如图 3-5 所示。

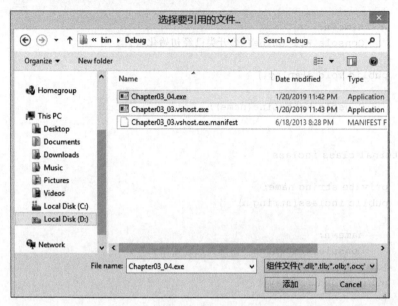

图 3-5 "选择要引用的文件"对话框

在 Chapter03_04 项目中的 program.cs 文件中编写如下代码。

```
using System;
using System.Collections.Generic;
using System.Linq;
using System.Text;
using System.Threading.Tasks;
using Chapter03_03;                     //添加引用的命名空间
namespace Chapter03_04
{
    class Program
    {
        static void Main(string[] args)
        {
            pubclass p1=new pubclass("张三");  //公开类,可以使用
            p1.display();
            //inclass p2=new inclass("李四");   //Chapter03_03 的内部类,在此不能使用
        }
    }
}
```

大家可能已经注意到,内部类 inclass 是不能在另外的工程中使用的。

3.2.4 值类型与引用类型

在 C# 语言中,数据根据变量的类型以两种方式中的一种存储在一个变量中。变量的

类型分为两种：值类型和引用类型，它们的区别如下。

值类型是指在内存的一个地方(称为栈)存储它们自己和相关的内容。

引用类型存储是指向内存中其他某个位置(称为堆)的引用，而在另一个位置存储内容。

实际上，在使用 C# 时不必过多地考虑这个问题。到目前为止，所使用的 string(这是引用类型)与使用其他简单变量(大多数是值类型，例如 int)的方式完全相同。

值类型和引用类型的一个主要区别是：值类型总是包含一个值；而引用类型可以是 null，即不包含值。但是，可以使用空类型(这是泛型的一种形式)创建一个值类型，使值类型在这个方面的行为方式类似引用类型(即可以为 null)。只有 string 和 object 简单类型使用引用类型，但数组也是隐式的引用类型，我们创建的每个类都是引用类型，这就是要说明这一点的原因。

3.3 类的方法

C# 实现了完全意义上的面向对象，它没有全局常量、全局变量和全局方法，任何事物都必须封装在类中。一个类体包含两部分：一个是数据域，以反映对象所处的状态；一个是方法，以实现由对象或类执行的计算或操作。通常，程序的其他部分也是通过类所提供的方法与它进行互操作。可以从如下几个方面理解方法、方法的声明与调用、方法的参数传递和方法的重载等。

3.3.1 方法的声明与调用

方法是按照一定格式组织的一段程序代码，方法的本质就是在类中声明的函数是实现某些特定功能的代码。

方法声明的语法格式如下。

```
[方法修饰符]返回类型 方法名 ([形参表])
{
    方法体
}
```

(1) 方法修饰符，如表 3-1 所示。

表 3-1 方法修饰符

修饰符	作用
new	在一个继承结构中用于隐藏基类同名的方法
public	表示该方法可以在任何地方被访问
protected	表示该方法可以在它的类体或派生类类体中被访问，但不能在类体外访问
private	表示该方法只能在这个类体内被访问
internal	表示该方法可以被同处于一个工程的文件访问
static	表示该方法属于类型本身，而不属于某个特定对象
virtual	表示该方法可在派生类中重写，从而更改该方法的实现

续表

修饰符	作用
abstract	表示该方法仅定义了方法名及执行方式,没有给出具体实现,所以包含这种方法的类是抽象类,以后用派生类实现
override	表示该方法是从基类继承的 virtual 方法的新实现
sealed	表示这是一个密封方法,必须同时包含 override 修饰,以防止它的派生类进一步重写该方法
extern	表示该方法从外部实现

(2) 返回类型:方法可以有返回值,也可以没有返回值。如果有返回值,则需要说明返回值的类型,它可以是任何一种 C# 的数据类型。在方法体中通过 return 语句将数据交给调用者,如果方法没有返回值,则它的返回类型可标为 void,这是默认类型。

(3) 方法名:每个方法都有一个名称,一般可以按标识符的命名规则随意给定方法名,但是要记住 Main()方法是为开始执行程序的方法预留的,另外不要使用 C# 的关键字作为方法名。为了使方法容易理解和记忆,建议方法的命名尽可能与所要进行的操作联系起来,也就是通常所说的见名知意。

(4) 形参表:它是由零个或多个用逗号分隔的形式参数组成的。形式参数可用属性、参数修饰符、类型等描述。当形参表为空时,外面的圆括号不能省略。

(5) 方法体:用花括号括起来的一个语句块。

【例 3-5】 定义一个长方形类,计算长方形的面积。

```
namespace Chapter03_05
{
    class Rectangle
    {
        public double RectangleArea(double dLong, double dWide)
        {
            double s;
            s=dLong * dWide;
            return s;
        }
    }
}
```

3.3.2 方法的参数传递

参数的作用就是使消息可以在方法中传入或者传出。当声明一个方法时,包含的参数说明是形式参数(形参)。当调用一个方法时,给出的参数是实际参数(实参),传入或传出就是在实参与形参之间发生的。在 C# 中,实参与形参有如下 4 种传递方式。

1. 值参数

在方法声明时不加修饰的形参就是值参数,它表明实参与形参之间按值传递。当这个方法被调用时,编译器为值参数分配存储单元,然后将对应的实参的值复制到形参中。实参可以是变量、常量、表达式,但要求其值的类型必须与形参声明的类型相同或者能够被隐式地转换为这种类型。这种传递方式的好处是在方法中对形参的修改不影响外部的实参,也就是说,数据只能传入方法而不能从方法传出,所以值参数有时也被称为入参数。

【例 3-6】 Sort()方法传递的是值参数时,对形参的修改不影响实参。

```
namespace Chapter03_06
{
    class Program
    {
        static void Sort(int x,int y, int z)
        {
            int temp;
            //将 x、y、z 从小到大排列
            if (x>y)
            {
                temp=x;
                x=y;
                y=temp;
            }
            if (x>z)
            {
                temp=x;
                x=z;
                z=temp;
            }
            if (y>z)
            {
                temp=y;
                y=z;
                z=temp;
            }
            Console.WriteLine("a={0},b={1},c={2}",x,y,z);
        }
        static void Main(string[] args)
        {
            int a, b, c;
            a=50;
            b=30;
            c=70;
            Sort(a, b, c);
            Console.WriteLine("a={0},b={1},c={2}", a, b, c);
            Console.Read();
        }
    }
}
```

程序运行结果如图 3-6 所示。

图 3-6 例 3-6 的运行结果

2. 引用参数

如果调用一个方法,希望能够对传递给它的实际变量进行操作,如前面所见,用 C♯ 默认的传值方式是不可能实现的,所以,C#用ref修饰符来解决此类问题,它告诉编译器,实参与形参的传递方式是引用参数。

引用参数与值参数不同,引用参数并不创建新的存储单元,它与方法调用中的实参变量同处一个存储单元。因此,在方法内对形参的修改就是对外部实参变量的修改。

【例3-7】 将例3-6中的Sort()方法的值参数传递方式改成引用参数传递方式,观察运行结果。

```
namespace Chapter03_07
{
    class Program
    {
        static void Sort(ref int x, ref int y, ref int z)
        {
            int temp;
            //将 x、y、z 从小到大排列
            if (x>y)
            {
                temp=x;
                x=y;
                y=temp;
            }
            if (x>z)
            {
                temp=x;
                x=z;
                z=temp;
            }
            if (y>z)
            {
                temp=y;
                y=z;
                z=temp;
            }
            Console.WriteLine("a={0},b={1},c={2}", x, y, z);
        }
        static void Main(string[] args)
        {
            int a, b, c;
            a=50;
            b=30;
            c=70;
            Sort(ref a, ref b, ref c);
            Console.WriteLine("a={0},b={1},c={2}", a, b, c);
            Console.Read();
        }
    }
}
```

程序运行结果如图 3-7 所示。

图 3-7　例 3-7 的运行结果

3. 输出参数

在前面加 out 修饰符的参数被称为输出参数。它与 ref 参数类似，只有一点除不同，就是它只能从方法中传出值，而不能从方法调用处接收实参数据。在方法内，out 参数被认为从未赋值，所以在方法结束之前应对 out 参数赋值。

【例 3-8】　求一个数组元素中的最大值、最小值和平均值。

我们希望得到 3 个返回值，显然用方法的返回值是不能实现的，而且 3 个值必须通过计算得到，初始值没有意义，所以解决方案可以定义 3 个 out 参数。

```
namespace Chapter03_08
{
    class Program
    {
        static void MaxMinArray(int[] a, out int max, out int min, out double avg)
        {
            int sum;
            sum=max=min=a[0];
            for (int i=1; i<a.Length; i++)
            {
                if (a[i]>max) max=a[i];
                if (a[i]<min) min=a[i];
                sum+=a[i];
            }
            avg=sum / a.Length;
        }
        static void Main(string[] args)
        {
            int[] score={92, 56, 78, 81, 45, 72, 96};
            int iMax,iMin;
            double dAvg;
            MaxMinArray(score, out iMax, out iMin, out dAvg);
            Console.WriteLine("Max={0},Min={1},Avg={2}",iMax,iMin,dAvg);
            Console.Read();
        }
    }
}
```

程序运行结果如图 3-8 所示。

4. 参数数组

一般而言，调用方法时的实参与该方法声明的形参在类型和数量上相匹配，但有时候希望更灵活一些，能够给方法传递任意数量的参数。比如在三个数中找最大数、最小数，或者在任意多个数中找最大数、最小数能使用同一个方法。C♯提

图 3-8　例 3-8 的运行结果

供了传递可变长度的参数表的机制,即使用 params 关键字指定一个参数可变长的参数表。

【例 3-9】 在例 3-8 中,MaxMinArray()方法有一个参数数组,下面对这个方法进行改造,观察调用这个方法所具有的灵活性。

```
namespace Chapter03_09
{
    class Program
    {
        static void MaxMinArray(out int max, out int min, params int[] a)
        {
            if (a.Length==0)
            {
                max=min=-1;
                return;
            }
            max=min=a[0];
            for (int i=1; i<a.Length; i++)
            {
                if (a[i]>max) max=a[i];
                if (a[i]<min) min=a[i];
            }
        }
        static void Main(string[] args)
        {
            int[] score={92, 56, 78, 81, 45, 72, 96};
            int iMax, iMin;
            MaxMinArray(out iMax, out iMin);              //可变参数的个数可以是 0
            Console.WriteLine("不传数组:Max={0},Min={1}", iMax, iMin);
            MaxMinArray(out iMax, out iMin, 34, 23, 67, 87);
                                                          //可变参数的个数可以为 4
            Console.WriteLine("传 4 个值:Max={0},Min={1}", iMax, iMin);
            MaxMinArray(out iMax, out iMin,score);        //可变参数的个数可以是数组
            Console.WriteLine("传数组:Max={0},Min={1}", iMax, iMin);
            Console.Read();
        }
    }
}
```

程序运行结果如图 3-9 所示。

图 3-9 例 3-9 的运行结果

3.3.3 方法的重载

一个方法的名字和形式参数的个数、修饰符以及类型共同构成了这个方法的签名,同一个类中不能有相同签名的方法。如果一个类中有两个或两个以上的方法的名字相同,而它们的形参个数或形参的类型有所不同,则是允许的,它们属于不同的方法签名。方法的返回类型不是方法签名的组成部分,也就是说,如果仅仅是返回类型不同的同名方法,编译系统是不能识别的。

1. 参数类型重载的方法

【例 3-10】 下面程序定义的类中含有 3 个名为 abs() 的方法,它们只是参数类型不同,在 main() 方法中调用该方法时,编译系统会根据不同的参数类型确定调用哪个方法。

```
namespace Chapter03_10
{
    class TestOverload
    {
        public int abs(int x)
        {
            int rtn;
            if (x>0) rtn=x;
            else rtn=-x;
            return rtn;
        }
        public float abs(float x)
        {
            float rtn;
            if (x>0) rtn=x;
            else rtn=-x;
            return rtn;
        }
        public long abs(long x)
        {
            long rtn;
            if (x>0) rtn=x;
            else rtn=-x;
            return rtn;
        }
    }
    class Program
    {
        static void Main(string[] args)
        {
            TestOverload t=new TestOverload();
            int a=-78;
            float b=-33.54f;
            long c=-12345L;
            Console.WriteLine("|a|={0},|b|={1},|c|={2}", t.abs(a), t.abs(b),
              t.abs(c));
            Console.Read();
```

        }
    }

程序运行结果如图 3-10 所示。

图 3-10 例 3-10 的运行结果

2. 参数个数重载的方法

方法重载还可以根据参数的个数来区别,请注意以下的代码。

【例 3-11】 参数个数重载。

```
namespace Chapter03_11
{
    class getArea
    {
        public float area(float r)
        {
            return (r * r * 3.14f);
        }
        public float area(float a, float h)
        {
            return (a * h * 0.5f);
        }
        public float area(float a, float b, float h)
        {
            return ((a+b) * h * 0.5f);
        }
    }
    class Program
    {
        static void Main(string[] args)
        {
            getArea testArea=new getArea();
            float r=1.5f;
            float a=1.2f, b=2.2f, h=1.6f;
            Console.WriteLine("圆面积={0},梯形面积={1},三角形面积={2}", testArea.
              area(r), testArea.area(a, b, h), testArea.area(a, h));
            Console.Read();
        }
    }
}
```

程序运行结果如图 3-11 所示。

图 3-11　例 3-11 的运行结果

可以看出，C♯根据参数个数的不同会自动选择调用相应的 area()方法。

3．参数引用重载的方法

【例 3-12】　参数引用重载。

```
namespace Chapter03_12
{
    class testOverload
    {
        public void add(int a, int b)
        {
            Console.WriteLine("非 ref 方式:");
            Console.WriteLine("{0}+{1}={2}", a, b, a+b);
        }
        public void add(ref int a, ref int b)
        {
            Console.WriteLine("ref 方式:");
            Console.WriteLine("{0}+{1}={2}", a, b, a+b);
        }
    }
    class Program
    {
        static void Main(string[] args)
        {
            testOverload t=new testOverload();
            int a=3, b=4, c=10;
            t.add(a, b);
            t.add(ref a, ref c);
            Console.Read();
        }
    }
}
```

程序运行结果如图 3-12 所示。

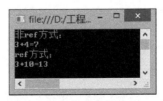

图 3-12　例 3-12 的运行结果

可以看出,C♯根据参数是否带 ref 关键字自动选择调用相应的 add()方法。

3.4 构造函数

当定义了一个类之后,就可以通过 new 运算符将其实例化,产生一个对象。C♯使用构造函数控制新对象的初始化。当对象超出了作用域或者不再使用,不能总是占用系统资源,需要使用析构函数控制系统资源的释放。

3.4.1 构造函数的声明和调用

构造函数是一个特殊的成员函数,主要用于为对象分配空间和完成初始化工作。构造函数的特殊性表现在以下几个方面:
- 构造函数的名字必须与类名相同;
- 构造函数可以带参数,但没有返回值;
- 构造函数在对象定义时被自动调用;
- 构造函数可以重载,但不可以被继承;
- 如果没有给类定义构造函数,则编译系统会自动生成一个默认的构造函数。

当定义一个类之后,就可以通过 new 运算符将其实例化,从而产生一个对象。在 C♯中,类的成员可以分为实例成员和静态成员,同样的,构造函数也分为实例构造函数和静态构造函数。

1. 实例构造函数

【例 3-13】 farea 类的构造函数。

```
namespace Chapter03_13
{
    class farea
    {
        private double a,b,h;
        public double s;
        public farea()
        {
            a=0;
            b=0;
            h=0;
        }
        public double Area()
        {
            s=(a+b)*h/2.0;
            return s;
        }
    }
    class Program
    {
```

```
        static void Main(string[] args)
        {
            farea t=new farea();
            Console.WriteLine(t.Area());
            Console.Read();
        }
    }
}
```

程序运行结果如图 3-13 所示。

2. 静态构造函数

静态构造函数的目的是用于对静态字段进行初始化，而不能对非静态数据成员进行初始化。静态构造函数在创建第一个实例或引用任何静态成员之前，将被自动调用初始化类，但不能直接调用这种构造函数。静态构造函数不允许使用 public 之类的访问修饰符进行修饰。

图 3-13 例 3-13 的运行结果

【例 3-14】 静态构造函数。

```
namespace Chapter03_14
{
    class Screen
    {
        static int Height;
        static int Width;
        static Screen()
        {
            Console.WriteLine("调用静态构造函数");
            Height=1024;
            Width=768;
        }
        public static void display()
        {
            Console.WriteLine("屏幕的高:{0},宽:{1}",Height,Width);
            Console.Read();
        }
    }
    class Program
    {
        static void Main(string[] args)
        {
            Screen.display();
        }
    }
}
```

程序运行结果如图 3-14 所示。

图 3-14　例 3-14 的运行结果

3.4.2　构造函数的重载

构造函数可以被重载,但不能被继承。

【例 3-15】　下面对例 3-13 进行改造,对构造函数进行重载。

```
namespace Chapter03_15
{
    class farea
    {
        private double a, b, h;
        public double s;
        public farea()
        {
            a=0;
            b=0;
            h=0;
        }
        public farea(double x, double y,double z)
        {
            //重载构造函数
            a=x;
            b=y;
            h=z;
        }
        public double Area()
        {
            s=(a+b) * h / 2.0;
            return s;
        }
    }
    class Program
    {
        static void Main(string[] args)
        {
            farea t=new farea();
            Console.WriteLine(t.Area());
            farea t1=new farea(1.2,2.2,2.5);
```

```
            Console.WriteLine(t1.Area());
            Console.Read();
        }
    }
}
```

程序运行结果如图 3-15 所示。

图 3-15　例 3-15 的运行结果

3.4.3　对象的生命周期和析构函数

每个对象都有一个明确定义的生命周期,除了"正在使用"的正常状态之外,还有两个重要的阶段。

- 构造阶段:即对象最初进行实例化的时期,由构造函数完成。
- 析构阶段:在删除一个对象时,常常需要执行一些清理工作,例如,释放内存是由析构函数完成。

析构函数是特殊的成员函数,它主要用于释放类实例。析构函数的特殊性表现在以下几个方面。

- 析构函数的名字与类名相同,但它前面加了一个"~"符号。
- 析构函数不能带参数,也没有返回值。
- 当撤销对象时,析构函数被自动调用。
- 析构函数不能被继承,也不能被重载。
- 如果没有给类定义析构函数,则编译系统会自动生成一个默认的析构函数。

析构是指回收对象中无用的资源。C♯中一个类只能有一个析构函数,并且是被自动调用的。析构函数采取的定义方式如下。

```
class Myclass
{
    ~Myclass()
}
```

在 C♯中提供了一种自动内存管理机制,资源的释放是由"垃圾回收机制"自动完成的,一般不需要用户干预。实际上,析构函数是在"垃圾回收机制"回收那个对象的存储空间之前调用的,如果析构函数仅仅是为了释放对象占有的系统管理资源,就没有必要了。在有些情况下需要释放非系统管理的资源时,就必须通过写代码的方式来解决,那么使用析构函数释放托管资源就是最合适的方法。

3.5 封装的概念及意义

封装,顾名思义就是密封包装起来。封装广泛应用于各行各业,汽车就是一个封装的对象,驾驶员通过方向盘和仪表来操控汽车,而汽车的内部实现则被隐藏起来。在日常生活中,为什么要把某些事情隐藏封装起来呢？一是有些内容很关键、很机密,不能随便被使用、被改变、被访问。二是虽然有些内容并不是很重要,访问和改变也没有关系,但是封装起来后使用者不会再有了解其内部的欲望,处理问题就会变得更简单。封装是人们在现实世界中为了解决、简化问题而对研究的对象所采用的一种方法,是一种信息屏蔽技术。

封装是实现面向对象程序设计的第一步,封装就是将数据或函数等集合在一个个的单元中(我们称为类)。遵循面向对象数据抽象的要求,一般数据都被封装起来,也就是外部不能直接访问对象数据,外部能见到的只有提供给外面访问的公共操作(也称为接口,对象之间联系的渠道)。封装的意义在于保护或者防止代码(数据)被无意中破坏。在面向对象程序设计中,数据被看作是一个中心元素,并且和使用它的函数结合得非常密切,从而保护它不被其他的函数意外地修改。封装的目的就是实现"高内聚、低耦合"。高内聚就是类的内部数据操作细节自己完成,不允许外部干涉,即这个类只完成自己的功能,不需要外部参与；低耦合就是仅暴露很少的方法给外部使用。面向对象程序设计的封装,隐藏了某一方法的具体执行步骤,取而代之的是通过消息传递机制传送消息。

3.5.1 修饰符支持封装

在 C# 中,通过访问修饰符进行封装。
- private：只有类本身能存取。
- protected：类和派生类可以存取。
- internal：只有同一个项目中的类可以存取。
- protected internal：是 protected 和 internal 的结合。
- public：完全存取。

【例 3-16】 下面的程序在创建的 student 对象中,为了访问 student 类中的 age,在定义 student 类时必须把 age 的访问控制定义为 public,下面是没有采用封装的代码。

```
namespace Chapter03_16
{
    public class Student
    {
        public int age;            //学生的年龄
    }
    class Program
    {
        static void Main(string[] args)
        {
            Student s=new Student();
            s.age=20;
```

```
            Console.WriteLine("该学生的年龄为{0}岁",s.age);
            Console.Read();
        }
    }
}
```

修改上面的代码,把 age 的访问控制定义为 private,把这个成员变量封装起来,使其不能被外部访问,而是通过两个方法与类的外部联系。代码如下。

```
namespace Chapter03_16
{
    public class Student
    {
        private int age;            //学生的年龄
        //获得年龄的方法
        public int GetAge()
        {
            return age;
        }
        //设置年龄的方法
        public void SetAge(int input)
        {
            if (input>0 && input<120)
            {
                age=input;
            }
            else
            {
                age=20;
            }
        }
    }
    class Program
    {
        static void Main(string[] args)
        {
            Student s=new Student();
            s.SetAge(18);
            Console.WriteLine("该学生的年龄为{0}岁",s.GetAge());
            Console.Read();
        }
    }
}
```

通过封装可以隐藏类的实现细节,将类的状态信息隐藏在类的内部,不允许外部程序直接访问类的内部信息,而是通过该类所提供的公开的属性和方法来实现对内部信息的操作访问。

封装时会用到多个访问修饰符修饰类和类成员,赋予不同的访问权限。为了保护类中字段数据的安全性,通常使用类的属性限制外界对类对象数据的访问和更新操作。

在程序上隐藏对象的属性和实现细节,仅对外公开接口,控制程序中属性的读和修改的访问级别，将抽象得到的数据和行为（或功能）相结合，形成一个有机的整体，也就是将数据与操作数据的源代码进行有机结合形成类，其中数据和方法都是类的成员。

3.5.2 使用属性封装

在例 3-16 中为了隐藏成员变量 age，引入了 GetAge()、SetAge()方法获得和设置被隐藏的成员变量 age，这样做的缺点是需要编写很多方法。为了解决这个问题，在.NET 中提供了属性，可以很方便地封装字段。

在 C♯中，类的属性是在一个类中采用下面方式定义的类成员。在声明类中定义属性的语法格式如下。

```
访问修饰符 class 类名
{
    Private 数据类型 字段名;
    Public 数据类型 属性名
    {
        get {return 字段名;}
        set{字段名=value;}
    }
    ...
}
```

【例 3-17】 属性的特点在 3.2.2 小节中已经谈到，下面将例 3-16 进行改造。

```
namespace Chapter03_17
{
    public class Student
    {
        private int age;            //学生的年龄
        public int Age              //学生年龄的属性
        {
            get{return age;}
            set
            {
                if (value>0 && value<120)
                {
                    age=value;
                }
                else
                {
                    age=20;
                }
            }
        }
    }
    class Program
    {
        static void Main(string[] args)
        {
            Student s=new Student();
```

```
            s.Age=18;
            Console.WriteLine("该学生的年龄为{0}岁", s.Age);
            Console.Read();
        }
    }
}
```

3.6 继承

继承是面向对象程序设计的基本特征之一，是在继承已有的类的基础上建立新类。继承性是面向对象程序设计支持代码重用的重要机制。面向对象程序设计的继承机制提供了无限重复利用程序资源的一种途径。

继承允许在已有类的基础上创建新类，新类可以从一个既有类中继承方法和数据，而且可以加入新的方法和数据，从而形成类的层次或等级，实现了代码共享和程序执行的高效率。

继承是类之间定义的一种重要关系。定义类 B 时，自动得到类 A 的操作和数据属性，程序员只需要定义类 A 中没有的新成员就可以完成类 B 的定义，这称为类 B 继承了类 A，这种机制称为继承。

3.6.1 基类和派生类

在 C#中，所有的类都在隐式的继承 System.Object 类，而通常所讲的继承是指显式的继承。在语法上，继承是通过"：父类名"关键字来实现的。派生类的声明格式如下：

```
Class 子类名称：父类名
{
    类的主体
}
```

【例 3-18】 创建一个学生类 Student，然后创建 Student 类的子类——大学生类 CStudent，体会成员变量和成员方法的继承。

```
namespace Chapter03_18
{
    class Student
    {
        public static string sClassName="软件一班";      //静态字段
        public string SName="张三";                      //公有字段
        private int Age=20;                              //私有字段,不能被继承
        protected string Sex="男";                       //保护成员变量
        public void WriteAge()                           //共有成员方法
        {
            Console.WriteLine(this.Age);
        }
        private void WriteSName()
```

```
        {
            Console.Write(this.SName);
        }
    }
    class CStudent: Student                //定义大学生类这个子类
    {
        private string Department;         //私有成员变量
        //定义构造函数,成员变量 SName、Sex 自父类继承
        public CStudent(string _Department,string _SName,string _Sex)
        {
            Department=_Department;
            SName=_SName;
            Sex=_Sex;
        }
        //定义公有成员方法,成员变量 SName、Sex、sClassName 自父类继承
        public void WriteCStudentInfo()
        {
            Console.Write("{0},{1},{2},{3},", SName, Sex, Department, sClassName);
            WriteAge();                    //调用父类的成员方法
        }
    }
    class Program
    {
        static void Main(string[] args)
        {
            CStudent s=new CStudent("软件工程系", "张三", "男");
            s.WriteCStudentInfo();
            Console.Read();
        }
    }
}
```

程序运行结果如图 3-16 所示。

C#继承具有以下特性。

(1) C#是单继承,不支持多继承,但是可以通过接口间接地实现多继承。

(2) C#继承是可传递的,如果类 C 从类 B 派生,而类 B 从类 A 派生,那么类 C 就会既继承了在类 B 中声明的成员,又继承了在类 A 中声明的成员。

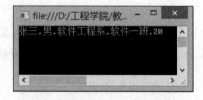

图 3-16 例 3-18 的运行结果

(3) 派生类可以增加新的成员,但不能删除从父类继承下来的成员。

(4) 构造函数和析构函数不能被继承。

3.6.2 隐藏基类成员

派生类继承了基类的成员,既避免了重新定义的工作量,又减少了程序维护的工作量。派生类重新定义一个与从基类继承来的字段(或方法)完全相同的字段(或方法)时,称为字段(或方法)的隐藏,表示新的字段(或方法)挡住了来自基类的字段(或方法)。但是这并不

意味着来自基类的字段(或方法)不存在了,或者不能用了,而是表示被隐藏的字段(或方法)只能被来自同样基类的方法所访问。如果派生类一定要访问被隐藏的字段(或方法),则需要在该字段(或方法)前加上"base.",以表示是来自基类的同名字段(或方法)。

为了清晰地表明派生类隐藏基类的同名成员的意图,派生类中同名成员应该使用 new 修饰符,否则编译时会出现提示性的警告。

【例 3-19】 隐藏基类的成员。

```
namespace Chapter03_19
{
    public class Person
    {
        private string name;
        private int age;
        private long ID;
        public Person(string n, int a, long i)
        {
            name=n;
            age=a;
            ID=i;
        }
        public void Display()
        {
            Console.WriteLine("Name:{0}",name);
            Console.WriteLine("Age:{0}", age);
            Console.WriteLine("ID:{0}", ID);
        }
    }
    public class Employee: Person
    {
        private string department;
        private double salary;
        public Employee(string n, int a, long i, string d, double s)
            :base(n,a,i)
        {
            department=d;
            salary=s;
        }
        new public void Display()
                    //使用 new 修饰符清晰地表明了派生类隐藏了基类,并有同名的方法
        {
            base.Display();
            Console.WriteLine("Department:{0}", department);
            Console.WriteLine("Salary:{0}", salary);
        }
    }
    class Program
    {
```

```
        static void Main(string[] args)
        {
            Employee e=new Employee("张三", 21, 500107L, "软件工程系", 4800);
            e.Display();
            Console.Read();
        }
    }
}
```

程序运行结果如图 3-17 所示。

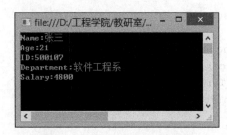

图 3-17　例 3-19 的运行结果

在派生类 Employee 中隐藏了基类成员 Display。隐藏一个继承的成员不算错误,但会导致编译器发出警告。若要取消此警告,可以在派生类成员的声明中包含一个 new 修饰符,表示派生成员有意隐藏基类成员。

3.6.3　base 关键字

base 是指基类的对象,其特点如下。

(1) 使用 base 关键字可访问基类的字段和方法。

(2) 使用 base 关键字可调用基类的构造函数。派生类继承基类中除了构造函数、析构函数之外的所有成员,但是,派生类仍然可以调用直接基类的构造函数。

(3) base 不能包含在静态方法和静态构造函数中,也不能通过 base 访问其他静态成员。

(4) 只能在派生类内使用 base 访问基类被隐藏的成员。在派生类之外,不能通过派生类的对象访问被隐藏的成员。

3.7　多态性

多态性是面向对象程序设计的重要特征之一,是实现复用的机制。所谓多态性,可以简单概括为"一个接口,多个方法",即类中具有相似功能的不同方法可以用同一个方法名进行定义。软件厂商利用多态性为用户提供通用程序框架(接口),用户可利用派生类来继承框架,利用多态性来发展接口。

在 C#语言中提供了两种多态机制:方法重载和方法重写。方法重载在前面已经介绍过,下面主要介绍方法重写。方法重写就是通过继承虚拟成员实现,简称虚拟方法。

3.7.1 虚拟方法

类的方法使用 virtual 关键字修饰后就称为虚拟方法,其实现包括两个步骤:
(1) 对基类中要实现多态性的方法,用 virtual 关键字修饰;
(2) 对派生类中的同名方法使用 override 关键字修饰,并在方法中自由地编写代码实现。

【例 3-20】 用虚拟方法实现多态性。

```
namespace Chapter03_20
{
    class father
    {
        public virtual void speak()
        {
            Console.WriteLine("在父类中调用speak()方法");
        }
        public void smile()
        {
            Console.WriteLine("今天天气不错!");
        }
    }
    class son:father
    {
        public override void speak()
        {
            Console.WriteLine("在子类中调用speak()方法");
        }
    }
    class Program
    {
        static void Main(string[] args)
        {
            father f=new father();
            son s=new son();
            f.speak();
            f.smile();
            s.speak();
            s.smile();
            Console.Read();
        }
    }
}
```

程序运行结果如图 3-18 所示。

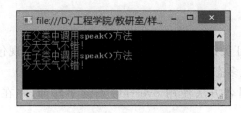

图 3-18 例 3-20 的运行结果

3.7.2 抽象类和抽象方法

被关键字 abstract 修饰的类构成抽象类。抽象类只能当作其他类的基类,不能被实例化。建立一个抽象类相当于构建一个模板,其中定义了类的成员,但不提供成员的实现,而是由派生类根据具体的需求来实现。

【例 3-21】 抽象类和抽象方法的实现示例。

```
namespace Chapter03_21
{
    public abstract class father            //抽象类
    {
        public abstract void speak();       //抽象方法
        public abstract void smile();
    }
    class boy: father
    {
        public override void speak()
        {
            Console.WriteLine("在男孩类中调用 speak()方法");
        }
        public override void smile()
        {
            Console.WriteLine("男孩笑了");
        }
    }
    class girl: father
    {
        public override void speak()
        {
            Console.WriteLine("在女孩类中调用 speak()方法");
        }
        public override void smile()
        {
            Console.WriteLine("女孩笑了!");
        }
    }
    class Program
    {
        static void Main(string[] args)
        {
```

```
            father f;
            boy b=new boy();
            f=b;
            f.speak();
            f.smile();
            girl g=new girl();
            f=g;
            f.speak();
            f.smile();
            Console.Read();
        }
    }
}
```

程序运行结果如图 3-19 所示。

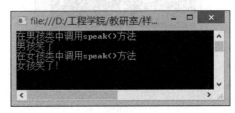

图 3-19 例 3-21 的运行结果

3.7.3 密封类和密封方法

为了避免滥用继承，C♯语言提出了密封类的概念。密封类可以用来限制扩展性。如果密封了某个类，则其他类不能从该类继承；如果密封了某个成员，则派生类不能重写该成员的实现。被关键字 sealed 修饰的类就是密封类，如果类的方法声明中包含 sealed 修饰符，则称该方法为密封方法。密封方法只能用于对基类的虚拟方法进行实现，因此，声明密封方法时，sealed 修饰符总是和 override 修饰符同时使用。

【例 3-22】 密封类和密封方法示例。

```
namespace Chapter03_22
{
    public class person  //基类
    {
        public string Code {get; set;}
        public string Name {get; set;}
        public virtual void ShowInfo() {}        //虚方法，用来输出信息
    }
    public sealed class student: person          //定义学生类，设置成密封类
    {
    //将基类的方法进行重写，并设置成密封方法
        public sealed override void ShowInfo()
        {
            Console.WriteLine("学生信息：\n{0} {1}",Code,Name);
        }
    }
    class Program
```

```
        static void Main(string[] args)
        {
            student s=new student();
            s.Code="1001";
            s.Name="张三";
            s.ShowInfo();
            Console.Read();
        }
    }
}
```

程序运行结果如图 3-20 所示。

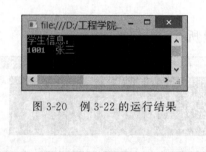

图 3-20　例 3-22 的运行结果

3.8　接 口

在现实生活中常常需要一些规范和标准,比如一个支持 USB 接口的设备,如移动硬盘、U 盘、手机等,都可以插入计算机的 USB 接口进行数据传输;汽车轮胎坏了,只需要更换同样规格的轮胎;手机没电了,找一个同型号的充电器就可以进行充电。这些都是因为设备有统一的规范和标准。在软件开发领域,也可以定义一个接口规定一系列规范和标准,继承同一接口的程序,也就是遵循同一种规范,这样程序就可以互相替换,便于程序的扩展。

3.8.1　接口的定义

接口和类一样,可以有方法、属性和事件等成员,但与类不同的是,接口仅提供成员的声明,并不提供成员的实现。接口成员在具体的类或结构代码中实现。

接口的声明格式如下。

```
[修饰符] interface 接口名[：父接口名列表]
{
    //接口体包括属性、方法、事件和索引器声明
}
```

【例 3-23】声明一个接口 ISquare 示例。

```
public interface ISquare
{
    double Width {get;set;}          //属性
    double GetArea();                //方法
}
```

该接口定义了一个方法和一个属性。

声明接口时,需要注意以下内容:

(1) 接口的所有成员都被定义为公有的,使用其他修饰符是错误的;

(2) 接口不能包含常量和域。

3.8.2 接口的实现

在类中实现接口需要两个步骤:①在类名称后面以冒号指定类要实现的一个或者多个接口,多个接口用逗号分开;②在类中创建实际的类成员,这和通常创建类成员的过程相同。

【例 3-24】 实现例 3-23 中声明的 ISquare 接口。

```
namespace Chapter03_24
{
    public interface ISquare
    {
        double Width {get;set;}          //属性
        double GetArea();                //方法
    }
    public class Square: ISquare
    {
        private double dWidth;           //声明字段
        //构造函数
        public Square(double _dWidth)
        {
            this.dWidth=_dWidth;
        }                                //接口属性实现
        public double Width
        {
            get
            {return dWidth;}
            set
            {dWidth=value;}
        }
        //接口方法实现,求正方形面积
        public double GetArea()
        {
            return this.dWidth * this.dWidth;
        }
    }
    class Program
    {
        static void Main(string[] args)
        {
            Square s=new Square(1.2);
            //输出正方形面积
            Console.WriteLine("正方形面积为:{0:f}",s.GetArea());
            s.Width=1.3;
            Console.WriteLine("正方形面积为:{0:f}", s.GetArea());
```

```
            Console.Read();
        }
    }
}
```

程序运行结果如图3-21所示。

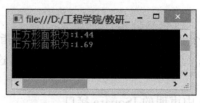

图 3-21　例 3-24 的运行结果

3.8.3　接口与多态

接口可以继承，其继承方式类似于类，但是接口本身可以从多个接口继承，也就是多继承。C#类只能是单继承，但是类可以从多个接口继承，从而实现多继承。

【例3-25】　飞机会飞，鸟会飞，它们都继承了同一个接口"飞"。鸟还要吃东西，它还需要继承接口"吃"。

```
namespace Chapter03_25
{
    //飞的接口
    public interface IFly
    {
        void Say();
    }
    //吃的接口
    public interface IEat
    {
        void eat();
    }
    //鸟实现飞的接口和吃的接口
    public class Bird: IFly, IEat
    {
        //如果一个类实现了某个接口,就得实现该接口中所有的方法
        public void Say()
        {
            Console.WriteLine("鸟在飞");
        }
        public void eat()
        {
            Console.WriteLine("鸟在吃");
        }
    }
    //飞机实现飞的接口
    public class Plan: IFly
    {
```

```
        public void Say()
        {
            Console.WriteLine("飞机在飞");
        }
    }
    class Program
    {
        static void Main(string[] args)
        {
            //定义飞接口数组实例化对象
            IFly[] iFlies=
            {
                new Bird(),
                new Plan()
            };
            //循环数组调用方法实现多态
            foreach (IFly iFly in iFlies)
            {
                iFly.Say();
            }
            //鸟吃实例化对象
            IEat iEats=new Bird();
            //调用方法实现多态
            iEats.eat();
            Console.Read();
        }
    }
```

程序运行结果如图 3-22 所示。

图 3-22　例 3-25 的运行结果

3.9　小结

本章主要是了解面向对象程序设计的基础知识。首先介绍了对象、类等基本的概念，以及面向对象程序设计的三大基本原则；其次重点对类的定义、构造函数和方法进行详细的讲解；第三分别对封装、继承和多态进行讲解；最后讲解了接口的概念和使用。本章的大多数概念对初学者来说都比较难以理解，建议学习时将书中阐述的概念和生活实际相结合，同时通过上机操作书中的实例加强对概念的理解。

习题

一、选择题

1. 在C#语言中引入了类的概念。类的定义包括类名、类的说明和类的实现,(　　)是类的外部接口。

   A. 类的引用　　　　B. 类的实现　　　　C. 类的说明　　　　D. 类的标识

2. 有了(　　)可以隐藏类对象内部实现的复杂细节,有效地保护内部所有数据不受外部破坏。

   A. 多态性　　　　　B. 封装性　　　　　C. 兼容性　　　　　D. 继承性

3. (　　)增加了类的共享机制,实现了软件的可重用性,简化了系统的开发工作。

   A. 多态性　　　　　B. 封装性　　　　　C. 兼容性　　　　　D. 继承性

4. (　　)可实现函数重载和运算符重载。

   A. 多态性　　　　　B. 封装性　　　　　C. 兼容性　　　　　D. 继承性

5. 在面向对象程序设计中,常常将接口的定义与接口的实现相分离,可定义不同的类实现相同的接口。在程序运行过程中,对该接口的调用可根据实际的对象类型调用其相应的实现。为了达到上述目的,面向对象语言须提供(　　)机制。

   A. 继承和过载　　　B. 抽象类　　　　　C. 继承和重置　　　D. 对象自身应用

6. 关于构造函数和析构函数,以下说法错误的是(　　)。

   A. 它们都没有返回值说明,定义它们时不需要指出函数返回值类型

   B. 构造函数能被继承,析构函数不能被继承

   C. 构造函数可以用默认参数

   D. 析构函数可以是虚的,但构造函数不行

7. C#中MyClass为一自定义类,其中定义了以下方法:

```
Public void Hello()
{
    ...
}
```

使用以下语句创建了该类的对象,并使变量obj引用该对象:

```
MyClass obj=new MyClass();
```

那么可以使用(　　)访问类MyClass的Hello()方法。

   A. obj.Hello();　　　　　　　　　　　B. obj::Hello();
   C. MyClass.Hello();　　　　　　　　　D. MyClass::Hello();

8. 在定义类时,如果希望类的某个方法能够在派生类中进一步进行改造,以处理不同的派生类的需要,则应将该方法声明成(　　)。

   A. sealed()方法　　　　　　　　　　　B. public()方法
   C. virtual()方法　　　　　　　　　　　D. override()方法

9. 以下类 MyClass 的属性 count 属于(　　)属性。

```
class MyClass
{
    int i;
    int count
    {
        get
        {
            return i;
        }
    }
}
```

  A. 只读　　　　　B. 只写　　　　　C. 可读写　　　　　D. 不可读、不可写

10. 以下所列的各个方法头中,正确的是(　　)。

  A. void play (var a:Integer, var b:Integer)

  B. void play (int a,b)

  C. void play (int a,int b)

  D. sub play (a as Integer, b as Integer)

二、简答题

1. 简述面向对象的概念以及面向对象的三大特征。

2. 构造函数有什么特点？应如何使用？

3. 如何实现函数的重载？

三、编程题

请按照以下要求设计一个学生类 Student。

(1) Student 类中包含姓名(name)、性别(sex)、年龄(age)3 个属性。

(2) Student 类中定义一个接收 name、sex 两个参数的构造方法和一个接收 name、sex、age 三个参数的构造方法。

(3) Student 类中定义一个 Introduce()方法,用于输出对象的自我介绍信息,如"大家好！我叫小花,我是一个女孩,我今年 7 岁"。

(4) 在 main()方法中创建两个 Student 类的实例对象 s1 和 s2,在构造方法中为属性 name、sex、age 赋值,然后使用这两个对象分别调用 Introduce()方法,输出 s1 和 s2 的相关信息。

第4章 委托和事件

4.1 委托

一个C#程序至少由一个类组成,类的主要代码由方法组成。遵照"方法名(实参列表)"的基本格式,一个方法可以调用另外一个方法,从而使整个程序形成一个有机的整体。显然,这种方法调用是根据程序逻辑预先设计的,一经设计不再更改。但有时希望根据当前程序运行的状态,动态地改变要调用的方法,特别在事件系统中,必须根据当前突发事件,动态地调用事件处理程序(即方法),为此,C#提供了委托调用机制。本章将详细介绍委托的概念及其应用。

4.1.1 委托的概念

委托又称为代理或代表,它是一种动态调用方法的类型,它与类、接口和数组相同,属于引用型。

在C#程序中,可以声明委托类型、创建委托的实例(委托对象)、把方法封装在委托对象之中,这样通过该对象,就可以调用方法了。一个完整的方法具有名字、返回值和参数列表,用来引用方法的委托也要求必须具有同样的参数和返回值。

因为C#允许把任何具有相同签名(相同的返回值类型和参数)的方法分配给委托变量,所以可通过编程的方式动态更改方法调用,因此委托是实现动态调用方法的最佳方法,也是C#实现事件驱动的编程模型的主要途径。

委托对象本质上代表了方法的引用。在.NET Framework中,委托具有以下特点。

(1) 委托类似于C++函数指针,但与指针不同的是,委托是完全面向对象的、安全的数据类型。

(2) 委托允许将方法作为参数进行传递。

(3) 委托可用于定义回调方法。

(4) 委托可以把多个方法连接在一起,这样在触发事件时,可同时启动多个事件处理程序。

4.1.2 委托的声明、实例化与使用

1. 委托的声明

委托是一种引用型的数据类型,在C#中使用关键字 delegate 声明委托,一般形式如下。

[访问修饰符] delegate 返回值类型 委托名([参数列表]);

其中,访问修饰符与声明类、接口和结构的访问修饰符相同;返回值类型是指将要动态调用的方法的类型;参数列表是将要动态调用的方法的形参列表,当方法无参数时,则省略参数列表。例如:

```
Public delegate int Calculate (int x, int y);
```

表示声明了一个名为 Calculate 的委托,可以用来引用任何具有两个 int 型的参数且返回值也是 int 型的方法。

在.NET Framework 中,自定义的委托自动从 Delegate 类派生,委托类型隐含为密封的,即不能从委托类型派生任何类。

2. 委托的实例化

因为委托是一种特殊的数据类型,所以必须实例化之后才能用来调用方法。实例化委托的一般形式如下。

委托类型 委托变量=new 委托类型构造函数(委托要引用的方法名)

其中,委托类型必须事先使用 delegate 声明。

例如,假设有以下两种方法:

```
int Multiply(int x,int y)
{
    return x * y;
}
int Add(int x,int y)
{
    return x+y;
}
```

使用上一例的 Calculate 委托来引用它们的语句,则可以写成:

```
Calculate a=new Calculate(Multiply);
Calculate b=new Calculate(Add);
```

其中,a 和 b 是委托类型的对象。

由于实例化委托实际上是创建了一个对象,所以委托对象可以参与赋值运算,甚至作为方法参数进行传递。

例如,委托对象 a 和 b 分别引用的方法是 Multiply()和 Add(),如果要交换两者所引用的方法,则可执行以下语句。

```
Calculate t=a;
a=b;
b=t;
```

3. 使用委托

在实例化委托之后,就可以通过委托对象调用它所引用的方法。在使用委托对象调用所引用的方法时,必须保证参数的类型、个数、顺序和方法声明匹配。例如:

```
Calculate cal=new Calculate(Multiply);
int result=cal(3,6);
```

表示通过 Calculate 型的委托对象 cal 调用方法 Multiply(),实参为 3 和 6,因此最终返回并赋给变量 result 的值为 18。

4. 使用匿名方法

从 C♯ 2.0 开始,C♯ 就引入了匿名方法的概念,它允许将代码块作为参数传递,以避免单独定义方法。使用匿名方法创建委托对象的一般形式如下。

委托类型 委托变量名=delegate([参数列表]){代码块};

例如：

```
Calculate calc=delegate(int x,int y){return (int)Math.Pow(x,y);};
```

表示使用匿名方法定义了一个 Calculate 型的委托对象 calc,用来计算 x 的 y 次方值。

【例 4-1】 创建一个 Windows 程序,利用委托求两个数的和与乘积,运行效果如图 4-1 所示。

(1)首先在 Windows 窗体中添加 3 个 Label 控件、2 个 TextBox 控件和 2 个 Button 控件,根据表 4-1 设置相应的属性。

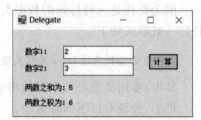

图 4-1 例 4-1 的运行效果

表 4-1 需要设置的属性

控 件	属性	属性设置
lblNum1	Text	数字 1：
lblNum2	Text	数字 2：
lblShow	Name	lblShow
txtNum1	Name	txtNum1
txtNum2	Name	txtNum1
btnCalc	Name	btnCalc
	Text	计算

(2)在源代码视图中编辑如下代码。

```
using System;
using System.Windows.Forms;
namespace _4_01Delegate
{
    public delegate int Caculate(int x,int y);
    public partial class Delegate: Form
    {
        public Delegate()
        {
            InitializeComponent();
        }
```

```
        public Caculate handler;
        private void btnCalc_Click(object sender, EventArgs e)
        {
            int numOne=Int32.Parse(this.txtNum1.Text);
            int numTwo=Int32.Parse(this.txtNum2.Text);
            MyMath math=new MyMath();
            handler=new Caculate(math.Add);
            lblShow.Text="两数之和为:"+handler(numOne,numTwo);
            handler=new Caculate(math.Multiply);
            lblShow.Text+="\n\n两数之积为:"+handler(numOne, numTwo);
        }
    }
    class MyMath
    {
        public int Add(int x, int y)
        {
            return x+y;
        }
        public int Multiply(int x, int y)
        {
            return x * y;
        }
    }
}
```

4.1.3 多路广播与委托的组合

在例 4-1 中，每次委托调用都只是调用一个指定的方法，这种只引用一个方法的委托称为单路广播委托。实际上，C♯允许使用一个委托对象同时调用多个方法。当向委托添加更多的指向其他方法的引用时，这些引用将被存储在委托的调用列表中，这种委托就是多路广播委托。

C♯的所有委托都是隐式的多路广播委托。向一个委托的调用列表添加多个方法引用，可通过该委托一次性调用所有的方法，这一过程称为多路广播。

实现多路广播的方法有以下两种。

(1) 通过"＋"运算符直接将两个同类的委托对象组合起来。

例如：

```
Calculate numOne=new Calculate(math.Add);
Calculate b=new Calculate(math.Multiply);
a=a+b;
```

这样，通过委托对象 a 就可以同时调用 Add()和 Multiply()方法了。

注意：由于一个委托对象只能返回一个值，且只返回调用列表中最后一个方法的返回值，因此为了避免混淆，建议在使用多路广播时，每个方法均使用 void 定义。

(2) 通过"＋＝"运算符将新创建的委托对象添加到委托调用列表中。另外，还可以使用"－＝"运算符来移除调用列表中的委托对象。

例如：

```
Calculate a=new Calculate(math.Add);
a+=new Calculate(math.Multiply);
```

这样,Add()和 Multiply()方法都列入了委托对象 a 的调用列表。

4.2 事件

基于事件驱动模型的程序使用委托来绑定事件和事件方法。C#允许使用标准的 EventHandler 委托声明标准事件；也允许先自定义委托,再声明自定义事件。本节将详细介绍相关的内容。

4.2.1 事件声明

EventHandler 是一个预定义的委托,它定义了一个无返回值的方法。在.NET Framework 中,它的定义格式如下：

```
public delegate void EventHandler (Object sender,EventArgs e)
```

其中,参数 sender 的类型为 Object,表示事件发布者本身；参数 e 用来传递事件的相关数据信息,数据类型为 EventArgs 及其派生类。

实际上,标准的 EventArgs 并不包含任何事件数据,因此,EventHandler 专用于表示不生成数据的事件的事件方法。如果事件要生成数据,则必须提供自定义的事件数据类型,该类型从 EventArgs 派生,提供保存事件数据所需的全部字段或属性,这样发布者可以将特定的数据发送给接收者。

用标准的 EventHandler 委托可声明不包含数据的标准事件,一般形式如下：

```
public event EventHandler 事件名;
```

其中,事件名通常使用 on 作为前缀符。例如：

```
public event EventHandler onClick;
```

表示定义了一个名称为 onClick 的事件。

要想生成包含数据的事件,必须先自定义事件数据类型,再声明事件。具体实现方法有以下两种。

(1) 先自定义委托,再定义事件。一般形式如下。

```
public class 事件数据类型: EventArgs {//封装数据信息}
public delegate 返回值类型 委托类型名(Object sender, 事件数据类型 e);
public event 委托类型名 事件名;
```

例如,假如在 Windows 窗口中有一张图片,如果希望单击其中某个点时,坐标信息传递出来,则可使用以下代码声明该事件。

```
public class ImageEventArgs: EventArgs
```

```
    {
        public int x;
        public int y;
    }
    public delegate void ImageEventHandler(Object sender,ImageEventArgs e);
    public event ImageEventHandler onClick;
```

(2) 使用泛型 EventHandler 定义事件,一般形式如下。

```
public class 事件数据类型:EventArgs{//封装数据信息}
public event EvendHandler <事件数据类型>事件名;
```

例如,在高温预警系统中,一般是根据温度值确定预警等级,可以采用事件驱动模型进行程序设计,其基本思路如下:当温度变化时,触发温度预警事件,系统接收到事件消息后启动事件处理程序,然后根据温度的高低确定预警等级。为此,需要设计一个 TemperatureEventArgs 类,它在温度预警事件触发时封装并传递温度信息,代码如下。

```
///<summary>
///定义事件相关信息类
///</summary>
class TemperatureEventArgs:EventArgs
{
    int temperature;
    ///<summary>
    ///声明构造函数
    ///</summary>
    ///<param name="temperature"></param>
    public TemperatureEventArgs(int temperature)
    {
        this.temperature=temperature;
    }
    ///<summary>
    ///定义只读属性
    ///</summary>
    public int Temperature
    {
        get {return temperature;}
    }
}
```

另外,需要定义一个 TemperatureWarning 类,在该类中先声明一个温度预警的委托类型 TemperatureHandler,再用该委托类型声明一个温度预警事件 OnWarning。代码如下。

```
class TemperatureWarning
{
    //声明温度预警的委托类型
    public delegate void TemperatureHandler(object sender,
        TemperatureEventArgs e);
    //声明温度预警事件
```

```
    public event TemperatureHandler OnWarning;
    //...
}
```

也可以使用泛型 EventHandler 定义温度预警事件 OnWarning。注意，使用泛型 EventHandler 必须指出事件数据类型。代码如下。

```
class TemperatureWarning
{
    //声明温度预警事件
    public event EventHandler<TemperatureEventArgs>OnWarning;
    //...
}
```

4.2.2　订阅事件

声明事件的实质只是定义了一个委托型的变量，并不一定能够成功触发事件，还需要完成以下工作：①在事件的接收者中定义一个方法来响应这个事件；②通过创建委托对象把事件与事件方法联系起来(又称为绑定事件或订阅事件)。负责绑定事件与事件方法的类称为事件的订阅者。

订阅事件的一般形式如下。

事件名 += new 事件委托类名(事件方法)；

例如，要想对温度的变化情况进行预警，可先创建一个 tw_OnWarning()方法，该方法根据温度高低进行预警，然后把该方法和事件 OnWarning 绑定起来。这样，当温度预警事件触发时，该方法将被自动调用。绑定 OnWarning 事件的代码如下。

```
TemperatureWarning tw=new TemperatureWarning();
//订阅事件
tw_OnWarning+=new Temperaturewarning.Temperatureiandler (tw_OnWarning);
```

如果使用泛型 EventHandler 定义的事件，则使用如下代码。

```
//订阅事件
tw_OnWarning+=new EventHandler<TemperatureEventArgs>(tw_OnWarning);
```

其中，"＋＝"运算符把新创建的引用 tw_OnWaming()方法的委托对象与 OnWarning 事件绑定起来，也就完成了 TemperatureWarming 类的 OnWarmning 事件的预订操作。

事件触发时，调用的 tw_OnWarning()方法的签名如下。

```
private void tw_OnWarning (object sender, TemperatureEventArgs e)
```

在订阅事件时要注意以下几点。

(1) 订阅事件的操作由事件接收者类实现。

(2) 每个事件可有多个处理程序，多个处理程序按顺序调用。如果一个处理程序引发异常，还未调用的处理程序则没有机会接收事件。因此，建议事件处理程序要迅速处理事件，并避免引发异常。

(3) 订阅事件时,必须创建一个与事件具有相同类型的委托对象,把事件方法作为委托目标,用"＋="运算符把事件方法添加到源对象的事件中。

(4) 若要取消订阅事件,可以使用"－="运算符从源对象的事件中移除事件方法的委托。

4.2.3 触发事件

在完成事件的声明与订阅之后,就可以引用事件了。引用事件又称为触发事件或点火,而负责触发事件的类则称为事件的发布者。在C#程序中,触发事件与委托调用相同,但要注意使用匹配的事件参数。事件一旦触发,相应的事件方法就会被调用。如果该事件没有任何处理程序,则该事件为空。

因此,在触发事件之前,事件源应确保该事件不为空,以避免 NullReferenceException 异常。每个事件都可以分配多个事件方法,在这种情况下,每个事件方法将被自动调用,且只能被调用一次。

例如,每当温度发生变化时,就会触发温度预警事件 OnWarning,从而调用 tw_OnWarming() 方法进行温度预警。为此,可在 TemperatureWaming 类中声明一个开始监控温度的方法 Monitor()来触发温度预警事件。当然,在触发事件之前,必须提前把温度信息封装为 TemperatureEventArgs 事件参数,其源代码如下。

```
class TemperatureWarning
{
    //声明温度预警事件
    public event EventHandler<TemperatureEventArgs>OnWarning;
    //开始监控温度,同时发布事件
    public void Monitor(int tp)
    {
        TemperatureEventArgs e=new TemperatureEventArgs(tp);
        if (OnWarning! =null)
        {
            OnWarning(this,e);
        }
    }
}
```

4.3 小结

本章介绍了委托和事件的基本概念。委托是一种特殊的引用类型,它将方法作为特殊的对象进行封装、传递和调用。只通过委托进行调用的方法可以定义为匿名方法。事件是类的特殊成员,它利用委托机制使对象对外界发生的情况做出响应。

习题

判断题

1. 委托属于引用类型。 ( )
2. 使用委托对象调用方法时,必须保证参数的类型、个数、顺序和方法声明匹配。 ( )
3. C#不允许使用一个委托对象同时调用多个方法。 ( )

第 5 章　程序调试与异常处理

在编写程序的过程中难免会出现一些难以预见的错误,这些错误分为程序中代码的错误和运行编译时的错误。C#语言的异常处理功能可以帮助用户处理程序运行时出现的异常情况,避免系统崩溃。

5.1　程序错误

在软件开发过程中出现错误很常见,无论多么优秀的程序员,在编写程序的过程中也无法保证没有任何错误,因此,调试程序排除错误是软件开发人员在开发过程中必不可少的一项工作。有时候调试程序甚至比编写程序花的时间更多,所以,对于学习软件开发的人来说,必须具备调试错误(bug)的能力。

5.1.1　程序错误分类

在编写程序时,会遇到各种错误,如果把这些错误归类,一般分为如下 3 类。

1. 语法错误

语法错误是三大错误里最容易发现、也最容易解决的一类错误。遇到这类错误,编译器会直接定位到错误的地方,并用红色的波浪线标识出来。比如,语句丢了分号,大括号不匹配,圆括号、引号是中文状态下的,等等。这类错误都是语法错误,当编译的时候编译器会检测出来,并在错误列表里列出。如果错误列表没在窗口下面,单击菜单上的视图,找到错误列表即可看到。

当看到错误列表有十几个甚至几十个错误时,不用害怕,因为智能的 Visual Studio 编译器直接列出了错误的地方,并且指出错误的原因,根据提示修改即可。修改完成可以再次编译,利用智能的编译器帮助寻找错误,调试程序,直到程序完全正确为止。

在编写程序的过程中要学会利用系统的提示,这样既可以提高编写代码的速度,也可以降低错误出现的频率。

【例 5-1】 一个语法错误的例子。

```
static void Main(string[] args)
{
    for(int i=1;i<10;i++)
    {
        if(i%3==0)
            continue
```

```
        else
            Console.WriteLine(i+" ");
    }
    Console.Read();
}
```

程序运行后显示的错误如图 5-1 所示。

图 5-1　显示语法错误

2. 逻辑错误

逻辑错误是较难发现的一种错误。这种错误一般是算法或者公式出现错误，得到的不是正确的结果。比如，求 10 以内的奇数，编写程序时写为 if(i%2==0)，这种算法求解的结果都是偶数，不是正确的结果。

针对逻辑错误，编译器也提供了专门检查这类错误的方法，依靠设置断点、单步逐语句或者逐过程调试代码，一步一步检查算法的严谨性或者程序的流程是否正确，从而寻找到产生逻辑错误的原因。

【例 5-2】　一个逻辑错误的例子：打印出 1~10 的奇数。

```
static void Main(string[] args)
{
    for (int i=1; i<10; i++)
    {
        if (i%2==0)
            Console.WriteLine(i+" ");
    }
    Console.Read();
}
```

运行程序输出的结果是 1~10 的偶数，并非奇数，这种错误就属于逻辑错误。程序运行结果如图 5-2 所示。

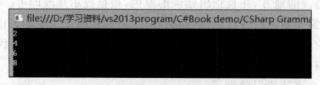

图 5-2　产生了逻辑错误

3. 运行时错误

运行时错误是指程序在运行过程中产生的错误，这类错误编译器是没法检测出来的。比如，数组下标越界、0 作为除数等，程序在编译阶段可以通过，但是当执行到这类语句时就会报错，这种错误称为异常。针对异常，Visual Studio 编译器也提供了解决的方案，依靠异常的捕获机制或者用户自定义异常即可将其排除，避免系统的崩溃。

【例 5-3】 一个运行时错误的例子：数组下标越界。

```
static void Main(string[] args)
{
    int[] a=new int[3];
    for (int i=1; i<a.Length ; i++)
    {
        a[i]=a[i+1];
    }
    foreach (int item in a)
    {
        Console.Write(item+"  ");
    }
    Console.Read();
}
```

该程序运行时发生异常，即运行时错误，如图 5-3 所示。

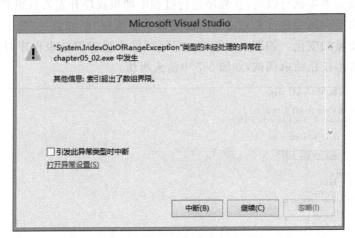

图 5-3 产生运行时错误

5.1.2 调试程序错误

调试程序的错误，可按如下操作进行。单击 Visual Studio 编译器上的"调试"菜单，在下拉菜单中就会看到"逐语句""逐过程"及"新建断点"的命令，如图 5-4 所示。"逐语句"命令的快捷键是 F11，"逐过程"命令的快捷键是 F10，"新建断点"命令的快捷键是 F9。其中，"逐语句"和"逐过程"命令的区别是，当执行一个方法体时，"逐语句"命令会进入到方法体内部去执行，而"逐过程"命令不会进入方法体内部。

如果大概知道程序的错误在哪一个方法体，可以直接在方法体里加一个断点，当程序执行到这行语句的时候就会停下，然后再用"逐过程"命令执行程序，从而提高调试的效率。在这一行再次按下 F9 键，可以取消断点，或者在这一行的左边位置单击也可完成断点的设置和取消，如图 5-5 所示。

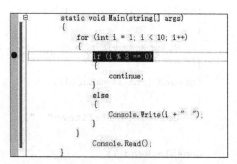

图 5-4 "调试"菜单　　　　　图 5-5 设置断点

设置断点或者单步执行以后,在程序运行过程中如果程序开发人员想要查看变量的值,可以用鼠标箭头指向该变量或者右击并从快捷菜单中选择"添加监视"命令,即可查看程序运行过程中该变量的变化。如图 5-6 所示。当调试结束后想要结束程序时,可以单击状态栏上的红色正方形按钮结束调试,如图 5-7 中箭头所指。

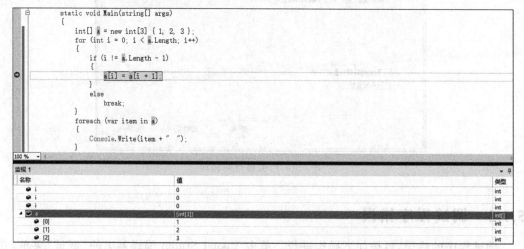

图 5-6 添加监视

图 5-7 结束调试

5.2 程序的异常处理

对于程序中的语法错误,智能的编译器会自动帮助程序员找到错误的位置,并给出修改错误的提示意见;针对逻辑错误,编译器提供了单步调试以及设置断点添加监视的方案进行处理;对于运行中的错误,则需要使用异常的手段来解决。

5.2.1 异常的概念

异常是程序在运行过程中出现的错误,它是由于违反了系统约束或者应用程序的约束而发生的不可预料的事件。比如,内存不够、网络连接中断、除数为 0 等,都将影响程序的正常执行。当发生异常时,系统就会挂起这个程序,然后抛出一个异常。因此,异常的处理在编写程序的过程中非常重要,不但可以避免系统崩溃的发生,还可以根据不同类型的错误执行不同的处理方法。

【例 5-4】 输入一个数字字符串并将其转换为整型。

```
static void Main(string[] args)
{
    string s=Console.ReadLine();
    int i=Convert.ToInt32(s);
    Console.Write(i);
    Console.Read();
}
```

当输入了一个非数字的字符串时就会发生异常,异常结果如图 5-8 所示。

图 5-8 异常引发的中断

5.2.2 异常类

在 C♯ 中有很多异常类来处理不同类型的异常,但是这些异常类都是继承自 System.Exception 类。该类有一个只读的属性 Message 包含了异常的信息。表 5-1 列出了 C♯ 中比较常见的异常类以及这些类的作用。表 5-2 列出了 C♯ 中异常对象常用的一些属性,这些属性带有导致该异常的信息。

表 5-1 常用异常类

异 常 类	说 明
DivideByZeroException	用零整除引发的异常
StackOverflowException	堆栈已满时分配内存引发的异常

续表

异常类	说明
IndexOutofRangeException	访问数组下标越界引发的异常
NullReferenceException	空引用引发的异常
ApplicationException	应用程序发生错误引发的异常
OverflowException	执行操作数溢出时引发的异常

表 5-2 异常对象常用属性

属性名	类型	说明
Message	string	含有异常的原因
StackTrace	string	含有异常发生在何处的信息
InnerException	String	含有当前异常的前一个异常的引用

5.2.3 try-catch-finally 语句

　　.NET Framework 提供了大量的预定义基类异常对象,那么如何利用这些异常机制解决这些异常呢？一般由 try、catch、finally 3 个语句块组成。

　　try 语句块包含正被异常保护的代码;catch 语句块包含一个或者多个子语句块,这些是处理异常的程序;finally 语句块一般含有在所有情况下都要执行的代码,不管有没有异常发生。一般语法格式如下。

```
try
{
    语句块 1
}
catch(异常类型 1 异常对象 1)
{
    语句块 2
}
catch(异常类型 2 异常对象 2)
{
    语句块 3
}
⋮
finally
{
    语句块 3
}
```

　　其中,try 语句块是必需的;catch 和 finally 语句块不是必需的,但是必须有两个中的一个。如果写了 finally 语句块就必须放在最后。这里需要注意的是,当有多个 catch 语句块时,try 语句块需要去匹配 catch 语句块,第一个被匹配的被执行。因此,在安排 catch 语句块顺序的时候有以下两个原则:

　　(1) 把带有最明确类型的异常类参数的 catch 语句块放在最前面,最普通的类型的异常类参数的 catch 语句块放在后面。

(2) 一般一个 try 语句块后只能跟一个不带参数的 catch 语句块,并且这个语句块必须放在最后。catch 等价于 catch(Exception ex)。

finally 语句块不管有没有发生异常都会执行,因此,finally 语句块里通常写的都是释放资源的操作,比如文件的关闭、对象的释放、网络断开等。一个完整的 try-catch-finally 语句的执行步骤如下:

(1) 程序流进入 try 语句块。
(2) 如果 try 语句块没有发生异常,离开 try 语句块,跳过 catch 语句块。
(3) 如果有 finally 语句块,进入 finally 语句块;如果没有,继续向下执行。
(4) 如果在 try 语句块中发生异常,程序流就会跳转到匹配的对应异常类型参数的 catch 语句块执行,然后执行 finally 语句块并继续向后执行。

【例 5-5】 一个完整异常的例子。

```
static void Main(string[] args)
{
    Console.Write("请输入一个数字:");
    string s=Console.ReadLine();
    try
    {
        int i=Convert.ToInt32(s);
        Console.Write(i);
    }
    catch (OverflowException ex)
    {
        Console.WriteLine("{0},{1}", "OverflowException", ex.Message);
    }
    catch (Exception ex)
    {
        Console.WriteLine("{0},{1}","Exception",ex.Message);
    }
    finally
    {
        Console.WriteLine("finally");
    }
    Console.Read();
}
```

程序运行结果如图 5-9 所示。

图 5-9 例 5-5 的运行结果

5.2.4 throw 语句与抛出异常

上面讲解的都是当程序发生异常时,系统自动通知运行环境发生的异常。有时候还可以在代码中手动添加代码,告诉系统什么时候发生了什么异常。在C#中可以显式地使用throw语句引发一个异常。一般语法格式如下。

throw 异常对象

当省略异常对象时,该语句只能在catch语句块内部使用,用于再次引发异常。当用户自定义了异常类时,throw后面可以跟一个自定义异常类的对象,用于抛出自定义的异常。在声明自定义异常类时,这个类应该继承自Exception类。

【例5-6】 简单检测输入的邮箱是否正确。

```
namespace exception
{
    public class EmailException: Exception
    {
        public EmailException(string message)
            : base(message)
        {
        }
        public override string Message
        {
            get
            {
                return "E-mail 格式不正确:"+base.Message;
            }
        }
    }
    class Program
    {
        static void Main(string[] args)
        {
            for (int i=0; i<5; i++)
            {
                Console.Write("输入你的邮箱:");
                string str=Console.ReadLine();
                string[] emails=str.Split('@');
                try
                {
                    if (emails.Length !=2 || emails[0].Length==0 || emails[1].Length==0)
                    {
                        throw new EmailException("@符号有错误");
                    }
                    else
                    {
                        int pos=emails[1].IndexOf('.');
                        if (pos<=0 || pos>emails[1].Length)
                        {
                            throw new EmailException(".符号有错误");
                        }
```

```
                Console.WriteLine(".@符号没问题");
            }
            catch (EmailException ex)
            {
                Console.WriteLine(ex.Message);
            }
        }
        Console.Read();
    }
}
```

以上程序通过自定义的异常类简单检测了邮箱格式的正确性。在异常类里写了一个带参数的构造函数,重写了基类的 Message 属性。在使用自定义异常类时使用了 throw 抛出异常对象。程序运行结果如图 5-10 所示。

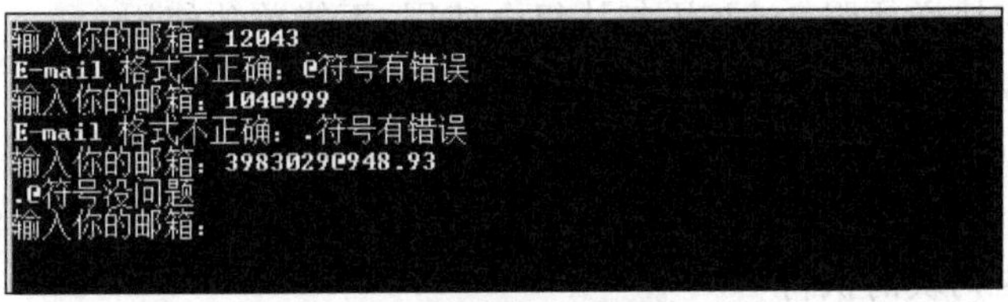

图 5-10 例 5-6 的运行结果

5.3 小结

本章首先介绍了程序错误的分类,从宏观上分析了程序在编写过程中出现错误是难以避免的,然后详细介绍了解决程序错误的一些基本方法和技巧,最后讲解了异常的概念以及解决异常的方法和自定义异常类的编写和使用。

习题

选择题

1. 在 C♯ 程序中,使用 try-catch-(   )语句来处理异常。
   A. error　　　　　B. process　　　　　C. finally　　　　　D. do
2. (   )类是 C♯ 中其他所有异常类的基类。
   A. System.AllException　　　　　B. System.Exceptions
   C. System.Exception　　　　　　D. System.AllExceptions
3. 程序运行过程中发生的不正常的事件,叫(   )。
   A. 版本　　　　　B. 断点　　　　　C. 异常　　　　　D. 属性

4. 在.NET 中,程序中发生的错误不包括( )。
   A. 逻辑错误　　　B. 语义错误　　　C. 语法错误　　　D. 规格错误
5. 在 C#中,应用程序企图执行无法实施的操作时,会引发( )。
   A. 语法错误　　　B. 逻辑错误　　　C. 运行时错误　　D. 编译错误
6. 在 C#中,应用程序正式发布前的编译过程,通常选用( )模式。
   A. 调试　　　　　B. 发布　　　　　C. 安装　　　　　D. 生成
7. 在 C#中,最容易被程序员发现的错误是( )。
   A. 逻辑错误
   B. 语义错误
   C. 语法错误
   D. 在一个表达式中,程序员把++写成——
8. 下列关于 C#的异常处理的说法,错误的是( )。
   A. try 语句块必须跟 catch 语句块组合使用,不能单独使用
   B. 一个 try 语句块可以跟随多个 catch 语句块
   C. 使用 throw 语句既可引发系统异常,也可以引发由开发人员创建的自定义异常
   D. 在 try-catch-finally 语句块中,即使开发人员编写强制逻辑代码,也不能跳出
      finally 语句块的执行
9. 在 C#中,程序使用( )语句抛出系统异常或自定义异常。
   A. run　　　　　　B. throw　　　　　C. catch　　　　　D. finally
10. 在.NET 中,程序员在代码中漏写了一个大括号,这属于( )。
    A. 逻辑错误　　　B. 运行是错误　　　C. 语法错误　　　D. 自定义错误

第 6 章 集合、索引器、泛型

6.1 集合

集合是一种非常实用的数据结构。.NET Framework 提供了包括数组(Array)、列表(List)、哈希表(Hashtable)、字典(Dictionary)、队列(Queue)、栈(Stack)、双向链表(LinkedList)等很多常用的集合类,这些集合类位于 System.Collections 命名空间,集合类的功能通过实现接口 Ienumerable、Icollection、Ilist、Idictionary 而获得。

集合不同于数组。首先,数组是相同数据类型的集合,即数组只能存储数据类型相同的数据;而集合可以存储不同类型的数据,只不过需要对数据进行装箱、拆箱操作。其次,创建数组时必须指定数组的长度,即数组一经创建,数组的长度就固定了,不能进行扩充;而创建集合对象不需要指定集合的长度,使用集合的过程中集合的长度也可以灵活地进行增减。最后,当需要反复增加、删除元素时,数组的执行十分麻烦,并且效率低下;而集合可以很方便地进行数据的增加、删除以及插入,并且效率很高。

6.1.1 ArrayList

ArrayList 是一个可动态维护长度的集合,它不限制所存储数据的类型以及个数,因此,当不能确定数据的类型时,可以使用 ArrayList 集合存储数据。数组 Array 与动态数组列表 ArrayList 的区别如下:

(1) Array 的长度固定,而 ArrayList 的长度可以自动增减;
(2) Array 中只能获取一个值,而 ArrayList 可以获取某一范围的值;
(3) Array 可以有多维,而 ArrayList 始终是一维的;
(4) Array 位于 System 命名空间,而 ArrayList 位于 System.Collections 命名空间。

ArrayList 类继承了接口 IList、ICollection、IEnumerable、Icloneable,里面封装了包括添加、删除、插入元素、查询元素索引、清空集合、排序、转换为数组等方法,提供了获取集合元素个数的属性,下面一一举例说明。

1. 在 ArrayList 中添加元素

在 ArrayList 中添加元素使用 Add()方法,添加的元素会添加在集合的结尾处,其方法原型如下。

```
int Add(object value);
```

该方法可以接受任意类型的数据。当集合的容量不够时,会自动重新给集合分配内存空间,把现有的元素全部复制到新的 ArrayList 对象中,然后再添加新的元素到集合的末尾处返回新的元素的索引。使用方法如下。

```
ArrayList alist1=new ArrayList(10);    //初始化一个容量为 10 的 ArrayList 对象
ArrayList alist=new ArrayList();       //初始化一个默认空间的 ArrayList 对象
alist.Add(1);                          //向集合中添加一个整型数据 1
alist.Add("2");                        //向集合中添加一个字符串类型"2"
```

注意:当采用带参数的构造函数初始化了一个 ArrayList 对象时,并不代表这个集合的容量就只有 10,集合的容量会自动扩充。

2. 访问 ArrayList 中的元素

ArrayList 集合可以通过索引访问其中的元素,和数组的使用一样。使用方式如下。

```
(类型)对象名[索引];
```

例如,要访问上面的 alist 中的第一个元素,代码如下。

```
int a=(int)alist[0];
```

由于 ArrayList 中可以添加任意的数据类型,存储的元素都是 object 类型,因此,在添加元素时相当于进行了一次装箱操作,把数据类型转换为 object 类型,在访问数据时就要进行一次拆箱操作,把 object 类型数据转换为对应的类型数据。

3. 从 ArrayList 中删除元素

ArrayList 类提供了 Remove()、RemoveAt()、Clear()方法删除集合中的元素,其原型如下。

```
void Remove(object obj);       //删除指定的元素
void RemoveAt(int index);      //删除指定索引位置的元素
void Clear();                  //清空集合的元素
```

例如,要删除 alist 中的第一个元素,alist.Remove(1)或者 alist.RemoveAt(0)这两种方法达到的效果是一样的。需要注意的是,当删除一个元素后,集合中后面的元素的索引会减 1,集合的元素个数就会少一个。例如:

```
alist.Remove(1);
alist.RemoveAt(0);
```

如果同时执行这两行代码,那么 alist 的元素个数就为 0。当执行第一行代码时,删除了元素 1,alist 的元素个数减 1,并且"元素 2"的索引减 1 后变为 0;当执行第二行代码时,删除了索引为 0 的元素也就删除了"元素 2",这时的 alist 即成为一个空的集合。

4. 在 ArrayList 中插入元素

在 ArrayList 类中插入元素可使用 Insert()方法,即将元素插入到指定的位置,其方法原型如下。

```
void Insert(int index, object value);
```

当向 ArrayList 集合中插入一个元素后,ArrayList 会自动调整元素的索引,该元素后面的元素的索引会自动加 1。例如,在第二个位置插入一个整型数据 3,代码如下。

```
alist.Insert(1, 3);
```

5. 在 ArrayList 中查询元素

在 ArrayList 类中查询元素的索引可使用 IndexOf()方法，该方法返回查询值第一次出现的位置，其方法原型如下。

```
int IndexOf(object value);
```

例如，查询"1"的索引代码如下。

```
Alist.IndexOf(1);
```

6. ArrayList 的遍历

ArrayList 可以像数组一样使用循环方法遍历集合中的每个元素。

【例 6-1】 对于一个无序的初始值升序输出。

```
static void Main(string[] args)
{
    ArrayList list=new ArrayList() {3, 5, 64, 1, 54};    //定义一个无序的初始值的集合
    list.Sort();                                          //升序排序
    list.ToArray();                                       //集合转为数组的方法
    for (int i=0; i<list.Count; i++)
    {
        Console.Write(list[i]+" ");                       //遍历输出集合元素
    }
}
```

程序运行结果如图 6-1 所示。

图 6-1 例 6-1 的运行结果

6.1.2 哈希表

哈希表是一种表示键值对的数据结构集合，位于 System.Collections 命名空间中。哈希表在存储数据时，首先会根据默认的算法自动计算哈希值，然后再确定数据存储的位置。查找数据时也会通过计算数据的哈希值进行搜索，以提高查询的效率。

创建哈希表的一般语法格式如下。

```
Hashtable 哈希表名=new Hashtable([哈希表长度],[增长因子]);
```

其中，哈希表长度和增长因子分别表示初始哈希表的容量大小以及哈希表容量不够时每次增加容量大小的倍数。创建哈希表时也可省略哈希表长度和增长因子，默认的增长因子为 1，注意，增长因子的范围为 0～1 且为 float 类型。例如，创建一个名为 ht 的初始容量为 10，增长因子为 0.5 的哈希表，代码如下。

```
Hashtable ht=new Hashtable(10,0.5f);
```

哈希表中也封装了很多常用的方法,如添加(Add)、清除(Clear)、包含(Contains)、删除(Remove)等。

【例 6-2】 以遍历哈希表的元素为例,讲解哈希表方法的应用。

```
static void Main(string[] args)
{
    Hashtable ht=new Hashtable(10,0.5f);
    ht.Add("100", "C#");
    ht.Add("101", "Java");
    ht.Add("102", "C++");
    ht.Add("103", "C");                       //在哈希表中添加键值对
    foreach (object item in ht.Keys)          //通过键值遍历哈希表
    {
        string Num=(string)item;
        Console.Write(ht[Num]+" ");
    }
    Console.WriteLine();
    ht.Remove("101");                         //删除哈希表的键
    foreach (object item in ht.Values)        //通过值遍历哈希表
    {
        Console.Write(item+" ");
    }
    Console.Read();
}
```

程序运行结果如图 6-2 所示。

图 6-2 例 6-2 的运行结果

6.1.3 栈和队列

1. 栈

栈(Stack)是一种先进后出(first in last out,FILO)的数据结构,或者说后进先出的数据结构,正是由于这种结构,决定了栈只能在一端栈顶进行添加或者删除数据。创建栈的数据结构的格式如下:

```
Stack 栈名=new Stack();
```

在栈中进行添加或者删除数据,称为进栈或者出栈,对应的方法分别是 Push 和 Pop。

【例 6-3】 编写一个进栈、出栈的例子。

```
static void Main(string[] args)
{
    Stack st=new Stack();                     //创建一个栈
    st.Push("C#");
    st.Push("Java");
    st.Push("C++");                           //数据进栈
```

```
foreach (var item in st)
{
    Console.WriteLine(item);        //遍历栈
}
st.Pop();                           //数据出栈
foreach (var item in st)
{
    Console.WriteLine(item);
}
Console.Read();
}
```

以上代码首先定义了一个栈,然后往栈里添加了 3 个数据并遍历栈的元素,最后删除了栈的一个元素再遍历。其运行结果如图 6-3 所示。

从运行结果可以看出遍历栈的元素最先输出的是最后一个添加进去的元素,最后输出的是最先添加的元素。删除一个元素也是删除最后添加进去的元素,即栈顶的元素。

图 6-3 例 6-3 的运行结果

2. 队列

队列(Queue)是一种先进先出(first in first out,FIFO)的数据结构,或者说是后进后出的数据结构。队列只能在队的一端添加数据或者删除数据,创建队列的一般格式如下。

Queue 队列名=new Queue();

向队中添加或者删除数据称为进队或者出队,对应的方法分别是 Enqueue 和 Dequeue。

【例 6-4】 编写一个进队、出队的例子。

```
static void Main(string[] args)
{
    Queue q=new Queue();            //初始化一个队列
    q.Enqueue("C#");
    q.Enqueue("Java");
    q.Enqueue("C++");               //进队
    foreach (var item in q)
    {
        Console.WriteLine(item);    //遍历队列
    }
    q.Dequeue();                    //出队
    foreach (var item in q)
    {
        Console.WriteLine(item);    //遍历队列
    }
    Console.Read();
}
```

图 6-4 例 6-4 的运行结果

以上代码首先定义了一个队列,然后在队列里添加了 3 个数据并遍历队列的元素,最后删除队列的一个元素再遍历。其运行结果如图 6-4 所示。

从运行结果可以看出遍历队列的元素最先输出的是最先

添加的元素,最后输出的是最后添加的元素。删除一个元素也是删除最先添加的元素,即队头的元素。

6.2 索引器

索引器也是类的成员之一,它可以使对象像数组一样被索引使用,使程序看上去更加清晰、简洁。

当类的成员变量是数组类型时,访问该对象中的数组元素就比较麻烦。例如,有一个班级类 Class 对象 c,班级类里有很多个学生对象 students,那么要访问对象 c 里的第一个学生的方法为:c.students[0]。这种写法很长,如能使用索引访问学生将会方便一些,例如 c[0]。

6.2.1 索引器的定义与使用

当类中包含数组或者集合成员时,索引器将帮助我们简化对数组或者集合成员的访问和使用。定义索引器和定义属性比较类似,其一般语法格式如下。

```
[修饰符]数据类型 this[索引类型 index]
{
   get{获得属性代码}
   set{设置属性代码}
}
```

其中,修饰符包括 public、private、protected 等。数据类型为数组或集合时,索引类型要列出存取元素的类型,如 int、string 类型等。this 是关键词,表示操作本对象的数组或集合。get 和 set 访问器和定义属性时一样。

【例 6-5】 索引器的定义。

```
public class Student
{
    public int age {get; set;}
    public string name {get; set;}
    public Student(int age, string name)
    {
        this.age=age;
        this.name=name;
    }
}
public class Clazz
{
    public string name {get; set;}
    public Student[] students;
    public Student this[int index]      //定义索引器
    {
        get {return students[index];}
        set {students[index]=value;}
```

```
    }
    public Clazz(int count, string name)
    {
        students=new Student[count];
        this.name=name;
    }
}
```

班级类有一个学生数组的对象,在该类中定义了一个索引器访问班级类里学生的数组对象。

定义了索引器后,就可以通过索引器存取类中的数组元素。其使用方法与数组相似,一般语法格式如下。

对象名[索引]

其中,索引的类型必须与定义索引器时使用的索引类型一致。

【例 6-6】 使用索引器访问班级类里的数组元素。

```
class Program
{
    static void Main(string[] args)
    {
        Class c=new Class(4, ".NET1班");
        Student s1=new Student(21, "zhangsan");
        Student s2=new Student(20, "lisi");
        Student s3=new Student(20, "wangwu");
        Student s4=new Student(19, "zhaoliu");
        c.students[0]=s1;
        c.students[1]=s2;
        c.students[2]=s3;
        c.students[3]=s4;
        for(int i=0; i<c.students.Length; i++)
        {
            Console.WriteLine(c[i].name);              //使用索引器访问
        }
        //for(int i=0; i<c.students.Length; i++)
        //{
        //  Console.WriteLine(c.students[i].name);     //使用数组访问
        //}
        Console.Read();
    }
}
```

程序运行结果如图 6-5 所示。

图 6-5 例 6-6 的运行结果

6.2.2 索引器与属性的比较

索引器与属性都是类的成员变量,从定义上看,两者非常相似。索引器一般用在自定义类的数组或者集合中,通过使用索引器来存取数组或集合的元素,如同使用数组一样;而属性更大的作用如同字段一样。两者的区别如表 6-1 所示。

表 6-1 索引器与属性的区别

索 引 器	属 性
允许调用对象上的方法,如同对象是一个数组	允许调用方法,如同它们是公共数据成员
可以通过索引器进行访问	可以通过简单的名称进行访问
必须为实例成员	可以为静态成员或者实例成员
索引器的 get 访问器具有与索引器相同的行参列表	属性的 get 访问器没有参数
除了 value 参数外,索引器的 set 访问器还具有与索引器相同的行参列表	属性的 set 访问器包含隐式 value 参数

6.3 泛型

在 C# 2.0 中,微软公司引进了泛型(Generic),它提供了一种以上类型代码的方式。泛型允许使用类型参数化的代码,即可以使用不同的类型进行实例化。泛型类型是类型的模板。C# 提供了 5 种泛型,即类、结构、接口、委托和方法。使用泛型可以让代码应用起来更加灵活,提高了代码的可复用性。

6.3.1 泛型集合

泛型最常见的应用是集合类,其中用得最多的泛型集合是 List<T>、Dictionary<T,M>等。其中,T 和 M 表示集合中元素的类型。

1. List<T>

List<T>是动态数组 ArrayList 的泛型等效类,是指定类型的列表。相比数组,List<T>不需要声明长度,可动态自动对内存空间进行管理。相比 ArrayList,List<T>必须指定列表中元素的类型,在添加元素时会对数据类型进行严格检查,并且列表在访问集合元素时不需要做装箱或拆箱操作,可以直接访问,从而提高了效率。

创建列表的格式如下:

List<元素类型>对象名=new List<元素类型>();

其中,前后两个"元素类型"必须保持一致。另外在使用列表时,需要引入 System.Collections.Generic 的命名空间。

【例 6-7】 创建一个泛型,向泛型中添加 C++、C#、Java 科目。

```
static void Main(string[] args)
{
    List<string>subject=new List<string>();        //创建一个科目的泛型列表
```

```
subject.Add("C++");
subject.Add("C#");
subject.Add("Java");
foreach (string item in subject)
{
    Console.WriteLine(item);
}
Console.Read();
}
```

该例子创建了一个 string 类型的列表,列表中只能添加 string 类型的数据,如果添加其他类型的数据就会报错。List<T>其他的用法和 ArrayList 一样,可以使用添加、删除方法对集合进行操作。程序运行结果如图 6-6 所示。

图 6-6　例 6-7 的运行结果

2. Dictionary <T,M>

Dictionary(字典)是键值的集合,它的本质是哈希表。在使用字典时需要指定键值的类型。因此,它与 List<T>一样,访问数据时不需要装箱或拆箱操作。

创建字典的格式如下。

Dictionary<键类型, 值类型>student=new Dictionary<键类型, 值类型>();

其中,前后的类型要保持一致。

【例 6-8】　创建一个学生信息的字典。

```
static void Main(string[] args)
{
    Dictionary<int, string>student=new Dictionary<int, string>();    //创建字典
    student.Add(100, "jack");
    student.Add(101, "rose");
    student.Add(102, "marry");
    foreach (string item in student.Values)
    {
        Console.WriteLine(item);
    }
    Console.Read();
}
```

该例子创建了一个键为 int 类型、值为 string 类型的学生字典,然后添加的几条数据。如果添加的键不为 int 类型、值不为 string 类型的数据时,系统就会报错。同样,哈希表也可以使用字典。程序运行结果如图 6-7 所示。

图 6-7 例 6-8 的运行结果

6.3.2 泛型类、泛型方法和泛型接口

除了以上讲的泛型集合以外,也可定义自己的泛型,包括泛型类、泛型方法和泛型接口。

1. 泛型类

声明泛型类跟声明普通类的方法差不多,只有以下区别:

(1) 在类名后面放一组尖括号;
(2) 在尖括号中使用类型参数列表表示希望使用的类型;
(3) 在泛型类中使用类型参数表示应该被替换的类型。

定义泛型类的一般语法格式如下。

[访问修饰符] class 泛型类名<类型参数列表>[:基类或接口][类型参数约束]

其中,访问修饰符包括 public、private、protected 等。类型参数列表可以是一个类型,也可以是多个类型,如果是多个类型,多个类型之间用逗号隔开。泛型类可以继承自基泛型或者接口。类型参数约束用来限定泛型类中参数的类型。

例如,一个类型参数的泛型类如下。

```
public class student<T>
{
    语句块;
}
```

再比如,多个参数的泛型类的创建如下。

```
public class student<T,M>
{
    public T t {get; set;}
    public M m {get; set;}
    public student(T x, M y)
    {
        t=x;
        m=y;
    }
}
```

使用泛型类可以灵活地创建类,比如用一个学生的年龄和姓名即可创建一个 int 和 string 类型的学生对象,代码如下。

student<int, string>s1=new student<int, string>(22,"jack");

用一个学生的学号和姓名即可创建两个 string 类型的学生对象,代码如下。

```
student<string, string>s2=new student<string, string>("10000","rose");
```

在定义泛型类时，为了让泛型变得更有用，有时需要提供额外的信息让编译器知道这个泛型类只能接收哪些类型，这些额外的信息称为约束。约束使用 where 子句列出，where 子句的语法如下。

where 类型参数：约束列表

其中，where 在类型参数列表的右尖括号之后列出；约束列表可以是一个，也可以是多个。

例如，下面的例子定义了一个 client 类、一个 customer 类和一个 person 类。其中，person 类是一个泛型类；泛型参数 T、M 分别进行了约束，T 只能是 client 类或者 client 类的子类，M 只能是 customer 类或者 customer 类的子类。其他的类型都不能作为 person 类的类型参数，否则编译器就会报错。

```
class Program
{
    static void Main(string[] args)
    {
        client cl=new client();
        customer cu=new customer();
        person<client, customer>s1=new person<client, customer>(cl,cu);
    }
}
public class person<T, M>
    where T: client
    where M: customer
{
    public T t{get; set;}
    public M m{get; set;}
    public person(T x, M y)
    {
        t=x;
        m=y;
    }
}
public class client
{
    public string name {get; set;}
}
public class customer
{
    public string name {get; set;}
}
```

在 C#中一共有 5 种约束类型，如表 6-2 所示。对于有多种约束的泛型类，where 子句中的约束必须有特定的顺序，可以有多个 interfaceName 约束，如果存在构造函数约束则必须放在最后。

表 6-2 5 种约束类型

约束类型	描　　述
类名	只有这个类型的类或者它的子类可以作为类型实参
class	任何引用类型都可以作为类型实参
struct	任何值类型都可以作为类型实参
InterfaceName	只有这个接口或者实现这个接口的类型可以作为类型实参
new()	任何带有无参数公共构造函数的类型都可以作为类型实参

2. 泛型方法

泛型方法和泛型类一样有泛型参数列表和可选的约束，一般语法格式如下。

[访问修饰符] 返回值类型 方法名<类型参数列表>(形式参数列表)[类型参数约束]

【例 6-9】 交换两个 int 类型和 string 类型的泛型方法。

```
static void Main(string[] args)
{
    int x=3;
    int y=5;
    string a="123";
    string b="456";
    Console.WriteLine("交换之前: x={0} y={1}", x, y);
    Console.WriteLine("交换之前: a={0} b={1}", a, b);
    Swap<int>(ref x,ref y);
    Swap<string>(ref a,ref b);
    Console.WriteLine("交换之后: x={0} y={1}", x, y);
    Console.WriteLine("交换之后: a={0} b={1}", a, b);
    Console.Read();
}
static void Swap<T>(ref T x, ref T y)
{
    T temp;
    temp=x;
    x=y;
    y=temp;
}
```

程序运行结果如图 6-8 所示。

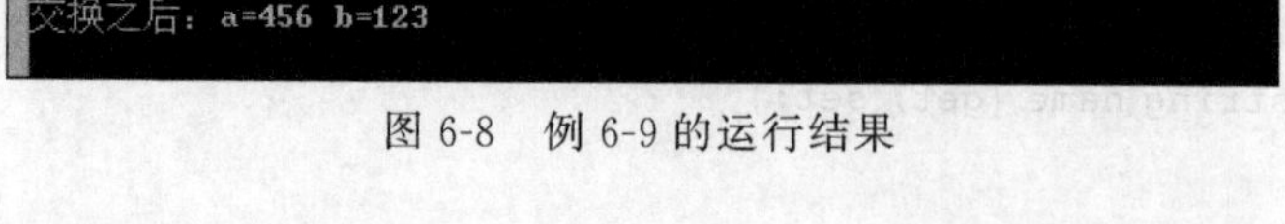

图 6-8 例 6-9 的运行结果

3. 泛型接口

泛型接口允许编写参数和接口成员返回类型是泛型类型参数的接口。泛型接口和普通接口的声明相似，但是需要在尖括号中有类型参数。一般定义泛型接口的语法格式如下。

```
interface 泛型接口名<类型参数列表>
```

【例 6-10】 给出一个泛型接口和实现接口的泛型类。

```
class Program
{
    static void Main(string[] args)
    {
        myclass<int>m=new myclass<int>();
        int value1=m.ReturnValue(1);
        myclass<string>ms=new myclass<string>();
        string value2=ms.ReturnValue("123");
        Console.WriteLine("intValue={0} stringValue={1}", value1, value2);
        Console.Read();
    }
}
interface IMyinterface<T>                          //泛型接口
{
    T ReturnValue(T Tvalue);
}
public class myclass<T>: IMyinterface<T>           //泛型类
{
    public T ReturnValue(T Tvalue) {return Tvalue;}  //实现泛型接口
}
```

程序运行结果如图 6-9 所示。

```
intValue=1 stringValue=123
```

图 6-9 例 6-10 的运行结果

当需要一个类实现两个不同类型参数的泛型接口时，就需要实例化两个接口。需要注意的是，实现泛型接口时，必须保证类型实参组合不会在类型中产生两个重复的接口。

【例 6-11】 下面的例子中一个类继承了同一泛型接口的两个不同的接口，这时必须保证泛型接口中的两个参数类型不一样，否则就会报错。

```
class Program
{
    static void Main(string[] args)
    {
        myclass m=new myclass();
        int intValue=m.ReturnValue(1);
        string strValue=m.ReturnValue("123");
        Console.WriteLine("intValue={0} stringValue={1}", intValue, strValue);
        Console.Read();
    }
}
interface IMyinterface<T>
{
```

```
        T ReturnValue(T Tvalue);
}
public class myclass: IMyinterface<int>,IMyinterface<string>
{
        public int ReturnValue(int intValue) {return intValue;}
        public string ReturnValue(string stringValue) {return stringValue;}
}
```

6.4 小结

本章首先介绍了集合的相关概念和一些常用的集合的使用方法，如 ArrayList、hashtable、stack、Queue，然后讲解了索引器的使用与属性的区别，最后详细讲解了泛型集合、泛型类、泛型方法、泛型接口的使用。

习题

1. 请定义一个泛型方法，要求实现两个对象交换，并调用方法分别实现两个整数和两个字符串交换。

2. 创建 1 个书籍类 Book，其属性有编号 bNo、名称 bName 和价格 bPrice；再声明 3 个书籍对象并赋值，然后用泛型 List 集合实现对书籍对象数据的存储，并输出这些书籍的信息。

3. 列出 20 以内能被 3 整除的数，求出这些数的和。使用 ArrayList 对象实现。

4. 编写一个分数计算程序。选手上台表演，有 7 个裁判打分。计分规则是去掉一个最高分和一个最低分，把剩下的 5 个分数相加然后除以 5，就是该选手的最后得分。
(1) 录入 7 个分数。
(2) 使用 ArrayList 对象实现。
(3) 输出计分结果。

第 7 章　LINQ 技术

7.1　什么是 LINQ

LINQ 即 Language-Integrated Query(语言集成查询)，能够将查询功能直接引入.NET Framework 所支持的编程语言中。LINQ 引入了标准的、易于学习的查询和更新数据模式，可以对其技术进行扩展以支持几乎任何类型的数据存储。LINQ 是.NET 框架的扩展，它允许用户使用 SQL 查询数据库的方式查询数据集合。使用 LINQ 可以从数据库、程序对象集合以及 XML 文档中查询数据。

【例 7-1】 LINQ 示例：查询出数组{1,2,3,4}中小于 3 的数并显示出来。

```
namespace Chapter07_01
{
    class Program
    {
        static void Main(string[] args)
        {
            int[] numbers={1, 2, 3, 4};
            IEnumerable<int>lowNums=
                         from n in numbers
                         where n<3
                         select n;
            foreach (var x in lowNums)
            {
                Console.WriteLine(x);
            }
            Console.ReadKey();
        }
    }
}
```

程序运行结果如图 7-1 所示。

图 7-1　例 7-1 的运行结果

7.2 LINQ 提供程序

在前面的示例中，数据源只是 int 数组，它是程序在内存中的对象。LINQ 还可以和各种类型的数据源一起工作。然而，在每种数据源类型的背后一定有根据该数据源类型实现 LINQ 查询的代码模块，这些代码模块称为 LINQ 提供程序(Provider)。

有关 LINQ 提供程序的要点如下：

(1) 微软公司为一些常见的数据源类型提供了 LINQ Provider；

(2) 第三方在不断提供针对各种数据源类型的 LINQ Provider。

LINQ 架构如图 7-2 所示。

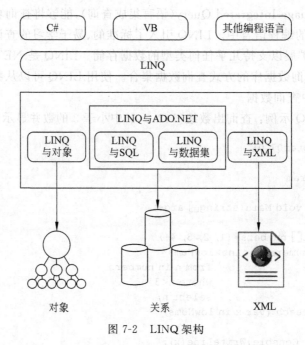

图 7-2 LINQ 架构

7.3 匿名类型

在介绍 LINQ 查询特性的细节前，先学习一个允许创建无名类类型的特性。匿名类型(Anonymous Type)经常用于 LINQ 查询的结果中。

第 3 章介绍了对象初始化语句，它允许用户在使用对象创建表达式时初始化新类实例的字段和属性。注意，这种形式的对象创建表达式由 3 部分组成：new 关键字、类名或构造函数以及对象初始化语句。对象初始化语句在一组大括号内包含了以逗号分隔的成员初始化列表。

创建匿名类型的变量使用相同的形式，但是没有类名和构造函数。下面的代码是匿名类型的对象创建表达式。

```
new {FieldProp=InitExpr,FieldProp=InitExpr,...}
```

【例 7-2】 LINQ 示例：创建和使用匿名类型的示例。

```
namespace Chapter07_02
{
    class Program
    {
        static void Main(string[] args)
        {
            var student=new {Name="Jerry", Age=19, Major="History"};
            Console.WriteLine("{0},Age {1},Major: {2}", student.Name,
                student.Age, student.Major);
            Console.ReadKey();
        }
    }
}
```

程序运行结果如图 7-3 所示。

需要了解的有关匿名类型的重要事项如下。

(1) 匿名类型只能和局部变量配合使用，不能用于类成员。

图 7-3 例 7-2 的运行结果

(2) 由于匿名类型没有名字，所以必须使用 var 关键字作为变量类型。

(3) 不能设置匿名类型对象的属性。编译器为匿名类型创建的属性是只读的。

当编译器遇到匿名类型的对象初始化语句时，创建一个有名字的新类类型。对于每个成员初始化语句，它推断其类型并创建一个只读属性来访问它的值。属性和成员初始化语句具有相同的名字。匿名类型被构造后，编译器即创建这个类型的对象。

除了对象初始化语句的赋值形式外，匿名类型的对象初始化语句还有其他两种允许的形式：简单标识符和成员访问表达式。这两种形式称为投影初始化语句。下面的变量声明演示了这种形式。

```
var student=new{Age=19,Other.Name,Major};
```

【例 7-3】 使用初始化语句（注意，投影初始化语句必须定义在匿名类型声明之前）。

```
namespace Chapter07_03
{
    class Other
    {
        static public string Name="Jerry";
    }
    class Program
    {
        static void Main()
        {
            string Major="History";
```

119

```
            var student=new {Age=19, Other.Name, Major};
            Console.WriteLine("{0},Age {1},Major: {2}", student.Name,
                student.Age, student.Major);
            Console.Read();
        }
    }
}
```

如果编译器遇到了另一个具有相同的参数名、相同的推断类型和相同顺序的匿名类型，它会重用这个类型并直接创建新的实例，不会创建新的匿名类型。

7.4 方法语法和查询语法

我们在编写 LINQ 程序时可以使用两种形式的语法，即方法语法和查询语法。

（1）方法语法使用标准的方法调用，这些方法是一组标准查询运算符的方法。

（2）查询语法看上去和 SQL 语句相似。

（3）在一个查询中可以采用两种形式的组合。

（4）方法语法是命令形式的，它指明了查询方法调用的顺序。

（5）查询语法是声明形式的，即查询描述的是想返回的内容，但并没有指明如何执行这个查询。

（6）编译器会将使用查询语法表示的查询翻译为方法调用的形式。这两种形式在运行时没有性能上的差异。

（7）微软公司推荐使用查询语法，因为它更易读，能更清晰地表明查询意图，因此也更不容易出错。然而，有些运算符必须使用方法语法来书写。

【例 7-4】 方法语法和查询语法演示。

```
namespace Chapter07_04
{
    class Program
    {
        static void Main(string[] args)
        {
            int[] numbers={2,5,28,31,17,16,42};
            var numsQuery=from n in numbers              //查询语法 12
                          where n<20
                          select n;
            var numsMethod=numbers.where(x=>x<20);       //方法语法
            int numsCount=(from n in numbers             //两种形式的组合
                           where n<20
                           select n).Count();
            foreach(var x in numsQuery)
            {
                Console.Write("{0},",x);
            }
            Console.WriteLine();
```

```
            foreach(var x in numsMethod)
            {
                Console.Write("{0}, ",x);
            }
            Console.WriteLine();
            Console.WriteLine(numsCount);
            Console.Read();
        }
    }
}
```

程序运行结果如图 7-4 所示。

图 7-4　例 7-4 的运行结果

7.5　查询变量

LINQ 可以返回两种类型的结果：可以是一个枚举（可枚举的一组数据，不是枚举类型），它满足查询参数的项列表；也可以是一个称为标量的单一值，它是满足查询条件的结果的某种摘要形式。

查询变量示例如下。

```
int[] numbers={2,5,28};
IEnumerable<int>lowNums=from n in numbers where n<20 select n;      //返回枚举数
int numsCount=(from n in numbers where n<20 select n).Count();      //返回一个整数
```

理解查询变量的用法很重要。在执行前面的代码后，lowNums 查询变量不会包含查询的结果，相反，编译器会创建能够执行这个查询的代码。查询变量 numCount 包含的是真实的整数值，它只能通过真实运行查询后获得。lowNums 和 numCount 的区别在于查询执行的时间，可总结如下。

- 如果查询表达式返回枚举值，查询直到处理枚举值时才会执行。
- 如果枚举值被处理多次，查询就会执行多次。
- 如果在进行遍历后，查询执行之前的数据有改动，则查询会使用新的数据。
- 如果查询表达式返回标量，查询立即执行，并且把结果保存在查询变量中。

7.6　查询表达式的结构

查询表达式是根据 LINQ 语法书写的查询，它与其他表达式一样可以在 C#语句中直接使用。查询表达式由一组用类似于 SQL 的声明性语法编写的子句组成。每个子句又包含一个或多个C#表达式,而这些表达式本身有可能是查询表达式或包含查询表达式。

查询表达式必须以 from 子句开头且必须以 select 或 group 子句结尾。在第一个 from 子句和最后一个 select 或 group 子句之间,查询表达式可以包含一个或多个下列可选子句:where、orderby、join、let 甚至附加的 from 子句。另外,还可以使用 into 关键字使 join 或 group 子句的结果能够充当同一查询表达式中附加查询子句的数据源。LINQ 表达式子句及说明如表 7-1 所示。

表 7-1 LINQ 表达式子句及说明

子句	说明
from	指定数据源和范围变量
select	指定当执行查询时返回的序列中的元素将具有的类型和形式
group	按照指定的键值对查询结果进行分组
where	根据一个或多个由逻辑与和逻辑或运算符(&& 或 ‖)分隔的布尔表达式筛选源元素
orderby	基于元素类型的默认比较器按升序或降序对查询结果进行排序
join	基于两个指定匹配条件之间的值比较来连接两个数据源
let	引入一个用于存储查询表达式中的子表达式结果的范围变量
into	提供一个标识符,它可以充当对 join、group 或 select 子句的结果的引用

7.6.1 获取数据源

在 LINQ 中需要指定数据源。与大多数编程语言一样,在 C# 中,必须先声明变量才能使用它。在 LINQ 中,最先使用 from 子句的目的是引入数据源和范围变量。

例如,从学生信息表中获取所有的学生信息。代码如下。

`var queryStudent=from stu in student select stu;`

范围变量类似于 foreach 循环中的迭代变量,但在查询表达式中,实际上不发生迭代。执行查询时,范围变量将用作对数据源中的每个后续元素的引用。

7.6.2 筛选

最常用的查询操作是应用布尔表达式的筛选器,该筛选器使查询只返回那些表达式结果为 true 的元素。使用 where 子句生成结果。实际上,筛选器指定从源序列中排除哪些元素。

例如,查询学生信息表中的男生的详细信息。代码如下。

`var queryStudent=from stu in student where stu.sex=="男" select stu;`

也可以使用大家熟悉的 C# 中的逻辑与、逻辑或运算符来根据需要在 where 子句中应用任意数量的筛选表达式。

例如,如果只返回学生信息表中男生信息并且姓名是张三的学生信息,可以将 where 子句进行如下修改。

`where stu.sex=="男" && stu.name=="张三"`

7.6.3 排序

通常可以很方便地将返回的数据进行排序。orderby 子句将使返回的序列中的元素按照被排序的类型的默认比较器进行排序。

例如,在学生信息表中查询信息时,按照学生的年龄降序排序。代码如下。

```
var queryStudent=from stu in student orderby stu.age descending select stu;
```

如果要对查询结果升序排序,则使用 orderby...ascending 子句。

7.6.4 分组

group 子句把 select 对象根据一些标准进行分组。例如,之前示例的学生数组,程序可以根据它们的主修课程进行分组。

(1) 如果项包含在查询的结果中,就可以根据某个字段的值进行分组。作为分组依据的属性称为键(key)。

(2) group 子句返回的不是原始数据源中项的枚举,而是返回已经形成项的分组的可枚举类型。

(3) 分组本身是可枚举类型,它们可以枚举实际的项。

【例 7-5】 根据学生的主修课程进行分组。

```
namespace Chapter07_05
{
    class Program
    {
        static void Main(string[] args)
        {
            var students=new[]
            {
                new{LName="Jones",FName="Mary",Age=19,Major="History"},
                new{LName="Smith",FName="Bob",Age=20,Major="CompSci"},
                new{LName="Fleming",FName="Carol",Age=21,Major="History"},
            };
            var query=from s in students group s by s.Major;
            foreach (var s in query)
            {
                Console.WriteLine("{0}", s.Key);
                foreach (var t in s)
                {
                    Console.WriteLine(" {0},{1}", t.LName, t.FName);
                }
            }
            Console.Read();
        }
    }
}
```

程序运行结果如图7-5所示。

图7-5 例7-5的运行结果

7.6.5 联结

LINQ中的join子句和SQL中的join子句非常相似,不同的是,LINQ中的join子句不但可以在数据库的表上进行联结,还可以在集合对象上进行该操作。

联合的主要作用有以下两点。

(1) 使用联结可结合两个或多个集合中的数据。

(2) 联结操作接受两个集合,然后创建一个临时的对象集合,每个对象包含原始集合对象中的所有字段。

联结操作的语法如下。

```
join Identifier in Collection2 on Field1 equals Field1
```

例如:

```
var query=from s in students join c in studentsInCourses on s.StID equals c.StID;
```

LINQ中的join接受两个集合,然后创建一个新的集合。每个元素包含两个原始集合中的原始成员。

【例7-6】 使用join联结两个集合。

```
namespace Chapter07_06
{
    class Program
    {
        static Student[] students=new Student[]
        {
            new Student{StID=1,LastName="Carson"},
            new Student{StID=2,LastName="Klassen"},
            new Student{StID=3,LastName="Fleming"},
        };
        static CourseStudent[] studentsInCourses=new CourseStudent[]
        {
            new CourseStudent{CourseName="Art",StID=1},
            new CourseStudent{CourseName="Art",StID=2},
            new CourseStudent{CourseName="History",StID=1},
            new CourseStudent{CourseName="History",StID=3},
            new CourseStudent{CourseName="Physics",StID=3},
```

```csharp
    };
    static void Main(string[] args)
    {
        var query=from s in students
            join c in studentsInCourses on s.StID equals c.StID
            where c.CourseName=="History"
            select s.LastName;
        foreach(var q in query)
        {
            Console.WriteLine("Student taking History:{0}",q);
        }
        Console.Read();
    };
}
public class Student
{
    public int StID;
    public string LastName;
}
public class CourseStudent
{
    public string CourseName;
    public int StID;
}
}
```

程序运行结果如图 7-6 所示。

图 7-6　例 7-6 的运行结果

7.7 小结

本章主要对 LINQ 的基础知识进行了讲解，重点讲解了 LINQ 查询表达式的常用操作。LINQ 技术是 C♯ 中的一种非常实用的技术，通过使用 LINQ 技术，可以在很大程度上方便程序开发人员对各种数据的访问。通过本章的学习，读者应该熟练掌握 LINQ 技术的基础语法及 LINQ 查询表达式的常用操作。

习题

定义几个集合,用于下面的查询。

```
public class Student
{
    public int Id {get; set;}
    public int Age {get; set;}
    public int ClassNum {get; set;}                //班级
    public string Name {get; set;}
}
var students=new List<Student>
{
    new Student {Id=2, Age=22, ClassNum=2, Name="bomo"},
    new Student {Id=1, Age=21, ClassNum=1, Name="toroto"},
    new Student {Id=3, Age=19, ClassNum=2, Name="tobi"},
    new Student {Id=4, Age=20, ClassNum=1, Name="cloud"}
};
public class Score
{
    public int Id {get; set;}
    public int ChineseScore {get; set;}
    public int MathScore {get; set;}
    public int EnglishScore {get; set;}
}
var scores=new List<Score>
{
    new Score {Id=1, ChineseScore=77, MathScore=80, EnglishScore=85},
    new Score {Id=2, ChineseScore=40, MathScore=90, EnglishScore=75},
    new Score {Id=3, ChineseScore=68, MathScore=30, EnglishScore=80},
    new Score {Id=4, ChineseScore=85, MathScore=100, EnglishScore=88},
};
```

(1) 输出年龄大于 20 岁的学生的数据,并且按照年龄降序排列。
(2) 输出每个班级的学生的姓名,按照班级进行分组。
(3) 输出每名学生的成绩。

第 8 章 Windows 应用程序开发

8.1 Windows 窗体介绍

在 Windows 窗体应用程序中,窗体是向用户显示信息的可视界面,它是 Windows 窗体应用程序的基本单元。窗体也是对象,窗体类定义了生成窗体的模板,每实例化一个窗体类,就产生了一个窗体。.NET 框架类库的 System.Windows.Forms 命名控件中定义的 Form 类是所有窗体类的基类。

8.1.1 添加窗体

如果要向项目中添加一个新窗体,可以在项目名称上右击,在弹出的快捷菜单中选择"添加",再选择"Windows 窗体"或者"添加新建项"命令,打开"添加新项"对话框。选择"Windows 窗体"选项,输入窗体名称后,单击"添加"按钮,即可向项目中添加一个新的窗体,如图 8-1 所示。

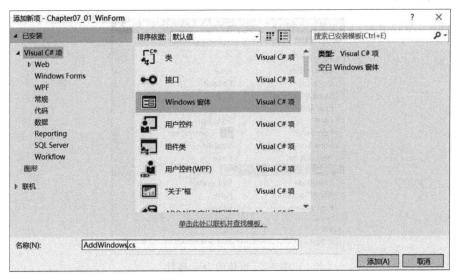

图 8-1 "添加新项"对话框

8.1.2 设置启动窗体

向项目中添加多个窗体后,如果要调试程序,必须要设置首先运行的窗体,这时就需要设置项目的启动窗体。项目的启动窗体是在 Program.cs 文件中设置的，在 Program.cs 文件中改变 Run() 方法的参数，即可实现设置启动窗体。

Run() 方法用于在当前线程上开始运行标准应用程序，并使指定窗体可见。其语法格式如下。

```
Public static void Run(Form mainForm);
```

其中，mainForm 代表要设为启动窗体的窗体。

例如，要将 AddWindow 窗体设置为项目的启动窗体，可以通过下面的代码实现。

```
Application.Run(new AddWindow());
```

8.1.3　设置窗体属性

Windows 窗体中包含一些基本的组成要素，比如图标、标题、位置和背景等，这些要素可以通过窗体的属性面板进行设置，也可以通过代码实现，但是为了快速开发 Windows 窗体应用程序，通常都是通过属性窗口进行设置。下面主要介绍 Windows 窗体的常用属性设置。

1. 更换窗体的图标

添加一个新的窗体后，窗体的图标是系统默认的图标。如果想更换窗体的图标，可以在属性面板中设置窗体的 Icon 属性，具体操作如下。

选中窗体，在窗体的属性面板中选中 Icon 属性，会出现 ... 按钮，如图 8-2 所示。单击 ... 按钮，打开选择图标文件对话框，在其中选择新的窗体图标文件，单击"打开"按钮，即可完成窗体图标的更换。

图 8-2　窗体的 Icon 属性

2. 隐藏窗体的标题栏

通过设置窗体 FormBorderStyle 属性为 None，实现隐藏窗体标题栏功能。FormBorderStyle 属性有 7 个属性值，其属性值及说明如表 8-1 所示。

表 8-1　FormBorderStyle 属性的属性值及说明

属性值	说明
Fixed3D	固定的三维边框
FxedDialog	固定的对话框样式的粗边框
FixedSingle	固定的单行边框
FixedToolWindow	不可调整大小的工具窗口边框
None	无边框
Sizable	可调整大小的边框
SizableToolWindow	可调整大小的工具窗口边框

3. 控制窗体的显示位置

设置窗体的显示位置时，可以通过设置窗体的 StartPosition 属性来实现。StartPosition 属性有 5 个属性值，这些属性值及说明如表 8-2 所示。

表 8-2　StartPosition 属性的属性值及说明

属性值	说明
CenterParent	窗体在其父窗体中居中
CenterScreen	窗体在当前显示窗口中居中，其尺寸在窗体大小中指定
Manual	窗体的位置由 Location 属性确定
WindowsDefaultBounds	窗体定位在 Windows 默认位置，其边界也由 Windows 默认决定
WindowsDefaultLocation	窗体定位在 Windows 默认位置，其尺寸在窗体大小中指定

4. 修改窗体的大小

在窗体的属性中，通过 Size 属性可以设置窗体的大小。双击窗体属性面板中的 Size 属性，可以看到其下拉菜单中有 Width 和 Height 两个属性，分别用于设置窗体的宽和高。修改窗体的大小，只需更改 Width 和 Height 的属性值即可。窗体的 Size 属性如图 8-3 所示。

5. 设置窗体背景图片

设置窗体的背景图片，可以通过设置窗体的 BackgroundImage 属性实现，具体操作如下。

选中窗体属性面板中的 BackgroundImage 属性，会出现 ... 按钮。单击 ... 按钮，打开"选择资源"对话框，如图 8-4 所示。"选择资源"对话框中有两

图 8-3　窗体的 Size 属性

个选项，一个是"本地资源"，另一个是"项目资源文件"。选择"本地资源"后，直接选择图片，保存的是图片的路径；而选择"项目资源文件"后，会将选择的图片保存到项目资源文件 Resources.resx 中。无论选择哪种方式，都需要单击"导入"按钮选择背景图片，选择完成后单击"确定"按钮，完成窗体背景图片的设置。

设置窗体背景图片时，窗体还提供了一个 BackgroundImageLayout 属性，该属性主要

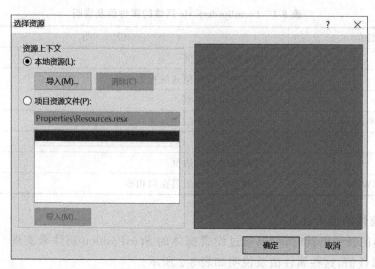

图 8-4 "选择资源"对话框

用来控制背景图片的布局,开发人员需要将该属性的属性值设置为 Stretch,以便能够使图片自动适应窗体的大小。

6. 控制窗体总在最前

Windows 桌面上允许多个窗体同时显示,但有时根据实际情况,可能需要将某一个窗体总显示在桌面的最前面,在 C#中可以通过设置窗体的 TopMost 属性来实现。该属性主要用来获取或设置一个值,这个值指示窗体是否显示为最顶层窗体,设置为 True,表示窗体总在最前;设置为 False,表示为普通窗体。

8.1.4 窗体常用方法

1. Show()方法

Show()方法用来显示窗体,它有如下两种重载形式。

```
public void Show();
public void Show(IWin32Window owner);
```

其中,owner 表示任何实现 IWin32Window 并将拥有此窗体的顶级窗口的对象。
例如,通过使用 Show()方法显示 Form1 窗体,代码如下。

```
//创建窗体对象
Form1 frm=new Form1();
//调用 Show()方法显示窗体
frm.Show0;
```

2. Hide()方法

Hide()方法用来隐藏窗体,其语法格式如下。

```
public void Hide();
```

例如,通过使用 Hide()方法隐藏 Form1 窗体,代码如下。

```
//创建窗体对象
Form1 frm=new Form1();
//调用 Hide()方法隐藏窗体
frm.Hide();
```

使用 Hide()方法隐藏窗体之后,窗体所占用的资源并没有从内存中释放掉,而是继续存储在内存中,开发人员可以随时调用 Show()方法显示隐藏的窗体。

3. Close()方法

Close()方法用来关闭窗体,其语法格式如下。

```
public void Close();
```

例如,通过使用 Close()方法关闭 Form1 窗体,代码如下:

```
//创建窗体对象
Form1 frm=new Form1();
//调用 Close()方法关闭窗体
frm.Close();
```

8.1.5 窗体常用事件

Windows 是事件驱动的操作系统,对 Form 类的任何交互都是基于事件来实现的。Form 类提供了大量的事件用于响应执行窗体的各种操作,下面对窗体的两种常用事件进行介绍。

可以通过选中控件,然后单击其"属性"窗口中的 ⚡ 图标选择窗体事件。

1. Load 事件

窗体加载时,将触发窗体的 Load 事件,该事件是窗体的默认事件,其语法格式如下。

```
public event EventHandler Load
```

例如,Form1 窗体的默认 Load 事件的代码如下。

```
//窗体的 Load 事件
private void Form1_Load(object sender, EventArgs e)
{
}
```

2. FormClosing 事件

窗体关闭时,触发窗体的 FormClosing 事件,其语法格式如下。

```
public event FormClosingEventHandler FormClosing
```

例如,Form1 窗体的默认 FormClosing 事件的代码如下。

```
private void Form1_FormClosing(object sender,FormClosingEventArgs e)
{
}
```

开发网络程序或多线程程序时,可以在窗体的 FormClosing 事件中关闭网络连接或多线程,以便释放网络连接或多线程所占用的系统资源。

8.2 Windows 控件的使用

在 Windows 应用程序开发中,控件的使用非常重要,本节将对 Windows 常用控件的使用进行详细讲解。

8.2.1 Control 类

1. Control 类概述

Control 类是定义控件的基类,控件是带有可视化表示形式的组件。Control 类实现向用户显示信息的类所需的最基本功能,它处理用户通过键盘和其他设备所进行的输入,另外,它还处理消息路由和安全。

2. 常用控件

Control 类派生的控件类构成了 Windows 应用程序中的控件,常用的 Windows 控件如表 8-3 所示。

表 8-3 常用 Windows 控件

控件名称	说明	控件名称	说明
Label	标签	Button	按钮
TextBox	文本框	CheckBox	复选框
RadioButton	单选按钮	RichTextBox	格式文本框
ComboBox	下拉组合框	ListBox	列表框
GroupBox	分组框	ListView	列表视图
TreeView	树	ImageList	存储图像列表
Timer	定时器	MenuStrip	菜单
ToolStrip	工具栏	StatusStrip	状态栏

3. 常用属性

Control 类的常用属性及说明如表 8-4 所示。

表 8-4 Control 类的常用属性及说明

属性	说明
BackColor	获取或设置控件的背景色
BackgroundImage	获取或设置在控件中显示的背景图像
BackgroundImageLayout	获取或设置在 ImageLayout 枚举中定义的背景图像布局
CheckForIllegalCrossThreadCalls	获取或设置一个值,该值指示是否捕获对错误线程的调用,这些调用在调试应用程序时访问的是控件的 Handle 属性
ContextMenu	获取或设置与控件关联的快捷菜单
ContextMenuStrip	获取或设置与此控件关联的快捷菜单条
Controls	获取包含在控件内的控件的集合

续表

属 性	说 明
DataBindings	为该控件获取数据绑定
Enabled	获取或设置一个值,该值指示控件是否可以对用户交互做出响应
Font	获取或设置控件显示的文字的字体
ForeColor	获取或设置控件的前景色
Height	获取或设置控件的高度
Location	获取或设置该控件的左上角相对于其容器的左上角的坐标
Name	获取或设置控件的名称
Size	获取或设置控件的高度和宽度
Tag	获取或设置包含有关控件数据的对象
Text	获取或设置与此控件关联的文本
Visible	获取或设置一个值,该值指示是否显示该控件及其所有子控件
Width	获取或设置控件的宽度

4. 常用事件

Control 类所包含的控件有一些常用的事件,它们的触发时机如表 8-5 所示。

表 8-5 Control 类的常用事件及触发时机

属 性	触 发 时 机
Click	单击控件时发生
DoubleClick	双击控件时发生
DragDrop	拖放操作完成时发生
DragEnter	将对象拖入控件的边界时发生
DragLeave	将对象拖出控件的边界时发生
DragOver	将对象拖过控件的边界时发生
KeyDown	在控件有焦点的情况下按下键时发生
KeyPress	在控件有焦点的情况下按下键并释放时发生
KeyUp	在控件有焦点的情况下按释放键时发生
LostFocus	在控件失去焦点时发生
MouseClick	用鼠标单击控件时发生
MouseDoubleClick	用鼠标双击控件时发生
MouseDown	当鼠标指针位于控件上并按下鼠标左、右键时发生
MouseMove	在鼠标指针移到控件上时发生
MouseUp	在鼠标指针移到控件上并释放鼠标键时发生
Paint	重绘控件时发生
TextChanged	更改 Text 属性值时发生

8.2.2 常用控件

1. Label 控件

Label 控件又称为标签控件，主要用于显示用户不能编辑的文本，标识窗体上的对象（例如，给文本框、列表框添加描述信息等）。另外，也可以通过编写代码来设置要显示的文本信息。

（1）设置标签文本

可以通过两种方法设置 Label 控件显示的文本：①直接在 Label 控件的属性面板中设置 Text 属性；②通过代码设置 Text 属性。

例如，向窗体中拖入一个 Label 控件，然后将其显示文本设置为"用户名："，代码如下。

```
lblName.Text="用户名：";
```

（2）显示/隐藏控件

通过设置 Visible 属性来设置显示/隐藏标签控件。如果 Visible 属性的值为 true，则显示控件；如果 Visible 属性的值为 false，则隐藏控件。

例如，如果希望通过代码将 Label 控件设置为可见，只需将其 Visible 属性设置为 true 即可，代码如下。

```
label.Visible=true;         //设置 Label 控件的 Visible 属性
```

2. Button 控件

Button 控件又称为按钮控件，表示允许用户通过单击执行操作。Button 控件既可以显示文本，也可以显示图像。当该控件被单击时，它看起来像是被按下，然后被释放。Button 控件最常用的是 Text 属性和 Click 事件，其中，Text 属性用来设置 Button 控件显示的文本，Click 事件用来指定单击 Button 控件时执行的操作。

【例 8-1】 创建一个 Windows 应用程序，在默认窗体中添加两个 Button 控件，分别设置它们的 Text 属性为"登录"和"退出"，然后触发它们的 Click 事件，执行相应的操作。代码如下。

```
private void btnLogin_Click(object sender, EventArgs e)
{
    //输出信息提示
    MessageBox.Show("系统登录");
}
private void btnExit_Click(object sender, EventArgs e)
{   //退出当前程序
    Application.Exit();
}
```

程序运行结果如图 8-5 所示。单击"登录"按钮，弹出提示信息，如图 8-6 所示；单击"退出"按钮，退出当前的程序。

图 8-5　显示 Button 控件

图 8-6　弹出提示信息

3. TextBox 控件

TextBox 控件又称为文本框控件,主要用于获取用户输入的数据或者显示文本。它通常用于可编辑文本,也可以使其成为只读控件。文本框可以显示多行,开发人员可以使文本换行以便符合控件的大小。

下面对 TextBox 控件的一些常用用法进行介绍。

(1) 创建只读文本框

通过设置文本框控件的 ReadOnly 属性,可以设置文本框是否为只读。如果 ReadOnly 属性为 true,不能编辑文本框,而只能通过文本框显示数据。

例如,将文本框设置为只读,代码如下。

```
txtReadOnly.ReadOnly=true;
```

(2) 创建密码文本框

通过设置文本框的 PasswordChar 属性或者 UserSystemPasswordChar 属性,可以将文本框设置为密码文本框。使用 PasswordChar 属性可以设置输入密码时文本框中显示的字符(例如,将密码显示成"＊"或"♯"等)。如果将 UserSystemPasswordChar 属性设置为 true,则输入密码时,文本框中将密码显示成"＊"。

【例 8-2】　修改例 8-1,在窗体中添加两个 TextBox 控件,分别用来输入用户名和密码,其中将第二个 TextBox 控件的 PasswardChar 属性设置为"＊",以便使密码文本框中的字符显示为"＊"。代码如下。

```
private void Form1_Load(object sender, EventArgs e)
{
    this.txtPassword.PasswordChar='*';
}
```

程序运行效果如图 8-7 所示。

图 8-7　密码文本框

(3) 创建多行文本框

默认情况下,文本框控件只允许输入单行数据。如果将其 Multiline 属性设置为 true,文本框控件就可以输入多行数据。代码如下。

```
//设置文本框的 Multiline 属性
txtTest.Multiline=true;
```

(4) 响应文本框的文本更改事件

当文本框中的文本发生更改时,将会引发文本框的 TextChanged 事件。

例如,在文本框的 TextChanged 事件中编写代码,实现当文本框中的文本更改时,Label 控件中显示更改后的文本。代码如下。

```
private void txtUserName_TextChanged(object sender, EventArgs e)
{
    //Label 控件显示的文本随文本框的文本而改变
    this.lblUserName.Text=this.txtUserName.Text;
}
```

4. CheckBox 控件

复选框控件(CheckBox 控件)用来表示是否选取了某个选项条件,常用于为用户提供具有"是/否"或"真/假"选项。下面详细介绍复选框控件的一些常见用法。

(1) 判断复选框是否选中

通过 CheckState 属性可以判断复选框是否被选中。CheckState 属性的返回值是 Checked 或 UnChecked,返回值 Checked 表示控件处在选中状态,而返回值 UnChecked 表示控件已经取消选中状态。

CheckBox 控件指示某个特定条件是处于打开状态还是关闭状态,可以成组使用复选框控件以显示多重选项,用户可以从中选择一项或多项。

(2) 响应复选框的选中状态更改事件

当 CheckBox 控件的选择状态发生改变时,将会引发控件的 CheckStateChanged 事件。

【例 8-3】 创建一个 Windows 窗体应用程序,通过复选框的选中状态设置用户的操作权限。在默认窗体中添加 5 个 CheckBox 控件,Text 属性分别设置为"基本信息管理""进货管理""销售管理""库存管理"和"系统管理",主要用来表示要设置的权限;添加一个 Button 控件,用来显示选择的权限。代码如下。

```
private void btnSelect_Click(object sender, EventArgs e)
{
    string strPop="您选择的权限如下: ";
    foreach(Control ctrl in this.Controls)
    {
        if(ctrl.GetType().Name=="CheckBox")
        {
            CheckBox chb=ctrl as CheckBox;
            if (chb.Checked==true)
            {
                strPop+="\n"+chb.Text;
            }
```

        }
    }
    MessageBox.Show(strPop);
}
```

程序运行结果如图 8-8 所示。

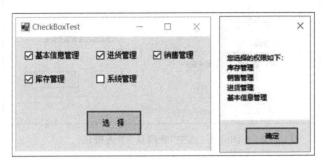

图 8-8　通过复选框的选中状态选择用户权限

**5. RadioButton 控件**

RadioButton 控件(单选按钮控件)为用户提供由两个或多个互斥选项组成的选项集,当用户选中某个单选按钮时,同组中的其他单选按钮不能再被选中。单选按钮必须在同一组中才能实现单选效果。下面详细介绍 RadioButton 控件的一些常见用法。

(1) 判断单选按钮是否被选中

通过 Checked 属性可以判断 RadioButton 控件的选中状态,如果返回值是 true,则控件被选中;如果返回值为 false,则控件的选中状态被取消。

(2) 响应单选按钮选中状态更改事件

当 RadioButton 控件的选中状态发生更改时,会引发控件的 ChekedChanged 事件。

【例 8-4】　修改例 8-2,在窗体中添加两个 RadioButton 控件,用来选择管理员登录还是普通用户登录,它们的 Text 属性分别设置为"管理员"和"普通用户"。分别触发这两个 RadioButton 控件的 CheckedChanged 事件,在该事件中通过判断其 Checked 属性确定是否选中。代码如下。

```
private void radioAdmin_CheckedChanged(object sender, EventArgs e)
{
    //判断单选按钮是否选中
    if(this.radioAdmin.Checked)
    {
        MessageBox.Show("您选择的是管理员登录!");
    }
}
private void radioGeneral_CheckedChanged(object sender, EventArgs e)
{
    //判断单选按钮是否选中
    if (this.radioGeneral.Checked)
    {
        MessageBox.Show("您选择的是普通用户登录!");
    }
}
```
```

运行程序,选中"管理员"单选按钮,弹出"您选择的是管理员登录!"提示框,如图 8-9 所示;选中"普通用户"单选按钮,弹出"您选择的是普通用户登录!"提示框,如图 8-10 所示。

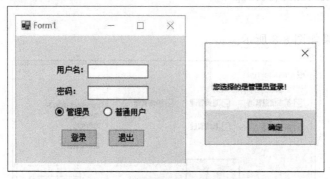

图 8-9 选中"管理员"单选按钮

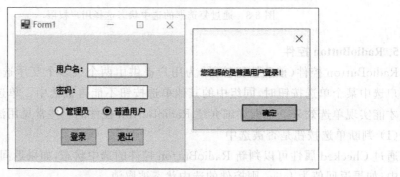

图 8-10 选中"普通用户"单选按钮

6. RichTextBox 控件

RichTextBox 控件又称为有格式文本框控件,主要用于显示、输入和操作带有格式的文本。比如,它可以实现显示字体、颜色、超链接,从文件加载文本及嵌入图像,撤销和重复编辑等操作,以及查找指定的字符等功能。下面详细介绍 RichTextBox 控件的一些常见用法。

(1) 在 RichTextBox 控件中显示滚动条

通过设置 RichTextBox 控件的 Multiline 属性,可以控制控件中是否显示滚动条。将 Multiline 属性设置为 true,则显示滚动条;否则,不显示滚动条。默认情况下,此属性被设置为 true。滚动条分为水平滚动条和垂直滚动条。通过 ScrollBars 属性可以设置如何显示滚动条,ScrollBars 属性的属性值及说明如表 8-6 所示。

表 8-6 ScrollBars 属性的属性值及说明

属性值	说 明
Both	只有当文本超过控件的宽度或长度时,才显示水平滚动条或垂直滚动条,或两个滚动条都显示
None	从不显示任何类型的滚动条
Horizontal	只有当文本超过控件的宽度时才显示水平滚动条。必须将 WordWrap 属性设置为 false 才会出现这种情况

续表

属性值	说明
Vertical	只有当文本超过控件的高度时才显示垂直滚动条
ForcedHorizontal	当 WordWrap 属性值设置为 false 时,显示水平滚动条。在文本未超过控件的宽度时,该滚动条显示为浅灰色
ForcedVertical	始终显示垂直滚动条。在文本未超过控件的长度时,该滚动条显示为浅灰色
ForcedBoth	始终显示垂直滚动条。当 WordWrap 属性设置为 false 时,显示水平滚动条。在文本未超过控件的宽度或长度时,两个滚动条均显示为灰色

例如,使 RichTextBox 控件只显示垂直滚动条。首先将 Multiline 属性设置为 true,然后设置 ScrollBars 属性的值为 Vertical。代码如下。

```
//将 Multiline 属性设置为 true,实现多行显示
this.richtxtTest.Multiline=true;
//设置 ScrollBars 属性,实现只显示垂直滚动条
this.richtxtTest.ScrollBars=RichTextBoxScrollBars.Vertical;
```

(2) 在 RichTextBox 控件中设置字体属性

设置 RichTextBox 控件中的属性时,可以使用 SelectionFont 属性和 SelectionColor 属性,其中 SelectionFont 属性用来设置字体系列、大小和字样,而 SelectionColor 属性用来设置字体的颜色。

【例 8-5】 将 RichTextBox 控件中文本的字体设置为楷体,大小设置为 12,字样设置为粗体,文本的颜色设置为蓝色,代码如下。

```
//设置 SelectionFont 属性,使控件中文本的字体为楷体,大小为 12,字样为粗体
this.richtxtTest.SelectionFont=new Font("楷体", 12, FontStyle.Bold);
//设置 SelectionColor 属性,实现控件中文本的颜色为蓝色
this.richtxtTest.SelectionColor=System.Drawing.Color.Blue;
```

设置控件中文本的字体属性的效果如图 8-11 所示。

图 8-11 设置控件中文本的字体属性

(3) 将 RichTextBox 控件显示为超链接样式

利用 RichTextBox 控件可以将 Web 超链接显示为彩色或下画线形式,然后通过编写代

码,在单击超链接时打开浏览器窗口,显示超链接文本中指定的网站。其设计思路是:首先通过 Text 属性设置控件中含有超链接的文本,然后在控件的 LinkClicked 事件中编写事件处理程序,将所需的文本发送到浏览器。

【例 8-6】 在 RichTextBox 控件的文本内容中含有超链接地址(超链接地址显示为彩色,并且带有下画线),单击该超链接地址将打开相应的网站。代码如下。

```
private void RichTextBoxTest_Load(object sender, EventArgs e)
{
    this.richtxtTest.Text="欢迎进入 http://www.cqie.edu.cn/ 重庆工程学院";
}
private void richtxtTest_LinkClicked(object sender, LinkClickedEventArgs e)
{
    //在控件的 LinkClicked 事件中使网址带下画线
    System.Diagnostics.Process.Start(e.LinkText);
}
```

程序运行效果如图 8-12 所示。

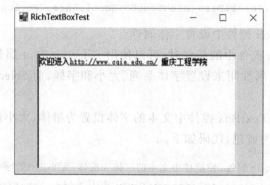

图 8-12 文本中含有超链接地址

7. TreeView 控件

TreeView 控件又称为树控件,它可以为用户显示节点层次结构,而每个节点又可以包含子节点,包含子节点的节点叫父节点,其效果就像在 Windows 操作系统的 Windows 资源管理器功能的左窗口中显示文件和文件夹一样。TreeView 控件经常用来设计导航菜单。

(1) 添加和删除树节点

向 TreeView 控件中添加节点时,需要用到 Nodes 属性的 Add()方法,其语法格式如下。

```
public virtual int Add(TreeNode node)
```

其中,node 参数表示要添加到集合中的 TreeNodes,返回值为添加到树节点集合中的 TreeNode 从零开始的索引值。

例如,使用 TreeView 控件的 Nodes 属性的 Add()方法向 TreeView 控件中添加两个节点,代码如下。

```
TreeNode tn1=this.TreeView1.Nodes.Add("名称");
TreeNode tn2=this.TreeView1.Nodes.Add("类别");
```

从 TreeView 控件中移除指定的树节点时，需要使用 Nodes 属性的 Remove() 方法，其语法格式如下。

public void Remove (TreeNode node)

其中，node 参数表示要移除的 TreeNode。

例如，通过 TreeView 控件的 Nodes 属性的 Remove() 方法删除选中的子节点，代码如下。

```
//使用 Remove()方法移除所选项
//SelecledNode 属性用来获取 TreeView 控件中选中的节点
this.TreeView1.Nodes.Remove(this.TreeView1.SelectedNode);
```

（2）获取 TreeView 控件中选中的节点

要获取 TreeView 树控件中选中的节点，可以在该控件的 AfterSelect 事件中使用 EventArgs 对象，返回对已选中节点对象的引用，通过检查 TreeViewEventArgs 类（它包含与事件有关的数据）确定单击了哪个节点。例如，在 TreeView 控件的 AfterSelect 事件中获取该控件中选中节点的文本，代码如下。

```
private void TreeView1_AfterSelect(object sender, TreeViewEventArgs e)
{
    //获取选中节点显示的文本
    this.lblNodeText.Text="当前选中的节点："+e.Node.Text;
}
```

下面通过一个实例来讲解如何使用 TreeView 控件。

【例 8-7】 利用 TreeView 控件显示重庆工程学院部分组织机构。代码如下。

```
private void TreeViewTest_Load(object sender, EventArgs e)
{
    //TreeNode tn1=this.treeView1.Nodes.Add("名称");
    //TreeNode tn2=this.treeView1.Nodes.Add("类别");
    //this.TreeView1.Nodes.Remove(this.TreeView1.SelectedNode);
    //建立顶级节点
    TreeNode TopNode=this.TreeView1.Nodes.Add("重庆工程学院");
    //添加二级学院节点
    TreeNode NodeSoft=new TreeNode("软件学院");
    TreeNode NodeComputer=new TreeNode("计算机学院");
    TreeNode NodeElectronic=new TreeNode("电子信息学院");
    TreeNode NodeAdmin=new TreeNode("管理学院");
    TreeNode Node1=new TreeNode("土木工程学院");
    TreeNode Node2=new TreeNode("数字艺术学院");
    TreeNode Node3=new TreeNode("通识学院");
    TreeNode Node4=new TreeNode("继续教育学院");
    TreeNode Node5=new TreeNode("党政办公室");
    TreeNode Node6=new TreeNode("教学质量评估办公室");
    TreeNode Node7=new TreeNode("教务处");
    TreeNode Node8=new TreeNode("学生处");
```

```
TreeNode Node9=new TreeNode("人事处");
TopNode.Nodes.Add(NodeSoft);
TopNode.Nodes.Add(NodeComputer);
TopNode.Nodes.Add(NodeElectronic);
TopNode.Nodes.Add(NodeAdmin);
TopNode.Nodes.Add(Node1);
TopNode.Nodes.Add(Node2);
TopNode.Nodes.Add(Node3);
TopNode.Nodes.Add(Node4);
TopNode.Nodes.Add(Node5);
TopNode.Nodes.Add(Node6);
TopNode.Nodes.Add(Node7);
TopNode.Nodes.Add(Node8);
TopNode.Nodes.Add(Node9);
//添加系部单位
TreeNode NodeSoftDept=new TreeNode("软件工程系");
TreeNode NodeBigDataDept=new TreeNode("人工智能与大数据系");
NodeComputer.Nodes.Add(NodeSoftDept);
NodeComputer.Nodes.Add(NodeBigDataDept);
}
```

程序运行后的显示效果如图 8-13 所示。

图 8-13 用 TreeView 控件显示组织机构

8.3 小结

本章主要对 Windows 应用程序开发的知识进行了详细的讲解,包括 Windows 窗体的使用、常用的 Windows 控件的使用。本章所讲解的内容在开发 Windows 应用程序时是最基础、最常用的知识,尤其是 Windows 窗体及 Windows 控件的使用,读者一定要熟练掌握。

习题

1. 如何设置启动窗体？
2. .NET 中的大部分控件都派生自什么类？
3. 如果要将一个 TextBox 文本框设置为密码文本框，可以通过什么方式实现？
4. CheckBox 控件与 RadioButton 控件有何不同？

第 9 章 ADO.NET 编程

9.1 ADO.NET 概述

ADO.NET 是微软公司新一代.NET 数据库的访问架构,ADO 是 ActiveX Data Objects 的缩写。ADO.NET 是数据库应用程序和数据源之间沟通的桥梁,主要提供一个面向对象的数据访问架构,用来开发数据库应用程序。为了更好地理解 ADO.NET 架构模型的各个组成部分,可以对 ADO.NET 中的相关对象进行图示理解,如图 9-1 所示。

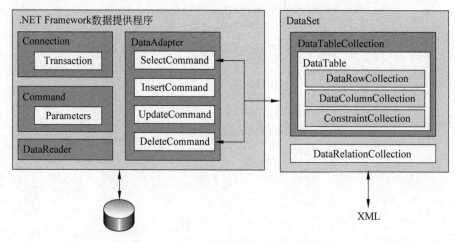

图 9-1 ADO.NET 中数据库对象的关系

9.2 ADO.NET 对象模型

从图 9-1 中可以看到 ADO.NET 中包括的多个对象模型,如 Connection、Command、DataReader、DataAdapter、Parameter、DataSet、DataTable 等。本节将详细介绍 ADO.NET 中的这些对象。

9.2.1 Connection 对象

Connection 对象用于连接到数据库并管理数据库中的事务,该对象提供一些方法,允许开发人员与数据源建立连接或者断开连接。微软公司提供了 4 种数据连接对象,具体如下。

(1) SQL Server .NET 数据提供程序的 SqlConnection 连接对象,命名空间为 System.Data.SqlConnection。

(2) OLE DB .NET 数据提供程序的 OleDbConnection 连接对象,命名空间为 System.Data.OleDbConnection。

(3) ODBC DB .NET 数据提供程序的 OdbcConnection 连接对象,命名空间为 System.Data.OdbcConnection。

(4) Oracle .NET 数据提供程序的 OracleConnection 连接对象,命名空间为 System.Data.OracleConnection。

Connection 对象常用属性如表 9-1 所示。

表 9-1 Connection 对象常用属性

属　性	说　明
ConnectionString	获取或设置用于打开数据库的字符串
ConnectionTimeout	获取在尝试建立连接时终止尝试并生成错误之前所等待的时间
Database	获取当前数据库或连接打开后要使用的数据库名称
DataSource	获取要连接的数据库服务器名称
State	指示数据库的连接状态

Connection 对象常用方法如表 9-2 所示。

表 9-2 Connection 对象常用方法

方　法	说　明
BeginTransaction()	开始数据库事务
ChangeDatabase()	更改当前数据库
ChangePassword()	将连接字符串中指示的用户的数据库密码更改为提供的新密码
ClearAllPools()	清空连接池
Close()	关闭与数据库的连接
CreateCommand()	创建并返回一个与 Connection 关联的 Command 对象
Dispose()	释放由 Connection 使用的所有资源
Open()	使用 ConnectionString 属性所指定的属性设置打开数据库连接

9.2.2　Command 对象

Command 对象用来对数据源执行查询、添加、删除和修改等各种操作,操作实现的方式可以是使用 SQL 语句,也可以是使用存储过程。根据所用的.NET Framework 数据提供程序的不同,Command 对象可以分成 4 种,分别是 SqlCommand、OleDbCommand、OdbcCommand、OracleCommand。在实际的编程过程中应根据访问的数据源的不同选择相应的 Command 对象。Command 对象常用属性如表 9-3 所示。

表 9-3 Command 对象常用属性

属 性	说 明
CommandType	获取或设置 Command 对象要执行命令的类型
CommandText	获取或设置要对数据源执行的 SQL 语句或存储过程名或表名
CommandTimeOut	获取或设置在终止对执行命令的尝试并生成错误之前的等待时间
Connection	获取或设置此 Command 对象使用的 Connection 对象的名称
Parameters	获取 Command 对象需要使用的参数集合
Transaction	获取或设置将在其中执行 Command 的 SqlTransaction

Command 对象常用方法如表 9-4 所示。

表 9-4 Command 对象常用方法

方 法	说 明
ExecuteNonQuery()	用于执行非 SELECT 命令，比如 INSERT DELETE 或者 UPDATE 命令，返回 3 个命令所影响的数据的行数；也可以用 ExcuteNonQuery()方法执行一些数据定义命令，比如新建、更新、删除数据库对象(如表、索引等)
ExecuteScalar()	用于执行 SELECT 查询命令，返回数据中第一行第一列的值。这个方法通常用来执行那些用到 COUNT()或 SUM()方法的 SELECT 命令
ExecuteReader()	执行 SELECT 命令，并返回一个 DataReader 对象。这个 DataReader 是向前只读的数据集

9.2.3 DataReader 对象

DataReader 对象是一个简单的数据集，用于从数据源中读取只读的数据集，常用于检索大量数据。根据.NET Framework 数据提供程序的不同，DataReader 可以分成 SqlDataReader、OleDbDataReader 等几类。DataReader 每次只能在内存中保留一行，所以开销非常小。

使用 DataReader 对象读取数据时，必须一直保持与数据库的连接，所以也被称为连线模式。DataReader 是一个轻量级的数据对象，如果只需要将数据读出并显示，它是最合适的工具。它的读取速度比稍后要讲解的 DataSet 对象快，占用的资源也比 DataSet 少。但是一定要记住，DataReader 在读取数据时，要求数据库保持在连接状态，读取完数据之后才能断开连接。DataReader 对象常用属性如表 9-5 所示。

表 9-5 DataReader 对象常用属性

属 性	说 明
Connection	获取与 DataReader 关联的 Connection 对象
HasRows	判断数据库中是否有数据
FieldCount	获取当前行的列数
IsClosed	检索一个布尔值，该值指示是否已关闭指定的 DataReder 实例
Item	在给定列序号或列名称的情况下，获取指定列的以本机格式表示的值
RecordsAffected	获取执行 SQL 语句所更改、添加或删除的行数

DataReader 对象常用方法如表 9-6 所示。

表 9-6　DataReader 对象常用方法

方　　法	说　　明
IsDBNull()	获取一个值,用于指示列中是否包含不存在的或缺少的值
Read()	使 DataReader 对象前进到下一条记录
NextResult()	当读取批处理 Transact-SQL 语句的结果时,使数据读取器前进到下一个结果
Close()	关闭 DataRceader 对象
Get()	用来读取数据集当前行的某一列数据

9.2.4　Parameter 对象

为了避免应用程序出现 SQL 注入式攻击,ASP.NET 提供了一个 SqlParameter 对象,它提供类型检查和验证,使命令对象可使用参数来将值传递给 SQL 语句或存储过程。与命令文本不同,参数输入被视为文本值,而不是可执行代码,可帮助抵御 SQL 注入式攻击,从而保证应用程序的安全。同时,该对象可帮助数据库服务器将传入命令与适当的缓存查询计划进行准确地匹配,从而提高查询执行的效率。Parameter 可以分成 SqlParameter、OracleParameter 等几类。Parameter 对象常用属性如表 9-7 所示。

表 9-7　Parameter 对象常用属性

属　　性	说　　明
DbType	获取或设置参数的数据库类型
Direction	获取或设置一个值,该值指示参数是只可输入的参数,或是只可输出的参数,或是双向参数,或是存储过程返回值参数。在添加参数时必须为输入参数以外的参数提供一个 ParameterDirection 属性,该属性是一个枚举类型,包含的枚举项如下。 • Input:该参数为输入参数,默认设置值。 • InputOutput:该参数可执行输入和输出操作。 • Output:该参数为输出参数。 • RetumValue:该参数表示从某操作(如存储过程、内置函数或用户定义的函数)返回的值
IsNullable	获取或设置一个值,该值指示参数是否接受 null 值。IsNullable 不仅用于验证参数的值,并且在执行命令时不会阻止发送或接收 null 值
ParameterName	获取或设置 Parameter 的名称
Size	获取或设置列中的数据的最大值(以字节为单位)
TypeName	获取或设置表值参数的类型名称
Value	获取或设置参数的值

Parameter 对象常用方法如表 9-8 所示。

表 9-8 Parameter 对象常用方法

方法	说明
Parameter()	初始化 Parameter 类的新实例
Parameter(String,Object)	初始化 Parameter 类的新实例,该类使用参数名称和 Parameter 类新实例的值
Parameter(String,SqlDbType)	使用提供的参数名称和数据类型初始化 Parameter 类的新实例

9.2.5 DataAdapter 对象

DataAdapter(数据适配器)对象是用来充当 DataSet 对象与实际数据源之间桥梁的对象,它是专门为 DataSet 服务的。DataAdapter 对象的工作步骤一般有两种:① 通过 Command 对象执行 SQL 语句从数据源中检索数据,将获取的结果集填充到 DataSet 对象的表中;② 把用户对 DataSet 对象做出的更改写入数据源中。

DataAdapter 对象常用属性如表 9-9 所示。

表 9-9 DataAdapter 对象常用属性

属性	说明
SelectCommand	获取或设置用于在数据源中选择记录的命令
InsertCommand	获取或设置用于将新记录插入数据源中的命令
UpdateCommand	获取或设置用于更新数据源中记录的命令
DeleteCommand	获取或设置用于从数据集中删除记录的命令

DataAdapter 对象常用方法如表 9-10 所示。

表 9-10 DataAdapter 对象常用方法

方法	说明
AddToBatch()	向当前批处理中添加 Command 对象
ExcuteBatch()	执行当前批处理
Fill()	从数据源中提取数据以填充数据集
FillSchema()	从数据源中提取数据架构以填充数据集
Update()	更新数据源

9.2.6 DataSet 对象

DataSet 是 ADO.NET 的核心成员之一,它是支持 ADO.NET 断开式、分布式数据方案的核心对象,也是实现基于非连接的数据查询的核心组件。DataSet 对象是创建在内存中的集合对象,它可以包含任意数量的数据表,以及所有表的约束、索引和关系,相当于内存中的一个小型关系数据库。一个 DataSet 对象包括一组 DataTable 对象和 DataRelation 对象,其中,每个 DataTable 对象由 DataRow、DataColunm 和 Constraint 对象组成。DataSet 数据模型如图 9-2 所示。

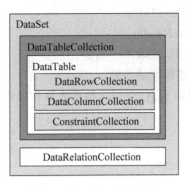

图 9-2　DataSet 数据模型

DataSet 对象常用属性如表 9-11 所示。

表 9-11　DataSet 对象常用属性

属性	说　　明
Relations	获取用于将表连接起来并允许从父表浏览到子表的关系的集合
Tables	获取包含在 DataSet 中的表的集合

DataSet 对象常用方法如表 9-12 所示。

表 9-12　DataSet 对象常用方法

方法	说　　明
AcceptChanges()	提交自加载此 DataSet 或上次调用 AcceptChanges 以来对其进行的所有更改
Clear()	通过移除所有表中的所有行清除所有数据的 DataSet
Clone()	复制 DataSet 的结构,包括所有 DataTable 架构、关系和约束。不复制任何数据
Copy()	复制该 DataSet 的结构和数据
GetXml()	返回存储在 DataSet 中的数据的 XML 表示形式
Merge()	将指定的 DataSet 及其架构合并到当前的 DataSet 中
ReadXml()	使用指定的文件或流将 XML 架构和数据读入 DataSet
WriteXml()	将 DataSet 的当前数据写入指定的文件或者流中

9.3　数据访问类——SqlHelper 类

　　SqlHelper 是一个基于 .NET Framework 的数据库操作组件,该组件将增、删、改、查等数据库操作进行封装,只需要向方法中传入一些参数即可操作数据库,操作十分简单和方便,并且提高了代码的可重用性。常见的 SqlHelper 有两个版本:一个是微软公司在 EnterpriseLibrary 中提供的,另一个是开源组织在 DBHelper 中提供的。开发人员可以直接使用这两个版本或者编写适合自己需求的 SqlHelper 类。

　　对 SQL Server 数据库最常见的操作有如下 4 种。

(1) 非连接式查询,获取 DataTable。
(2) 连接式查询,获取 DataReader。
(3) 查询结果只有 1 行 1 列,获取单一数据。
(4) 增、删、改操作,返回受影响的行数。

【例 9-1】 编写一个简单的 SQL Server 数据库操作通用类,其中,4 个方法分别对应上述的 4 种数据库操作。

```
using System.Data;
using System.Data.SqlClient;
public class SqlHelper
{
    //根据自己所用的数据库服务器信息修改连接字符串
    private static readonly string ConnectionString="Data Source=
        PC-201902241945;Initial Catalog=BMSDB;User ID=sa;Password=123456;";
    ///<summary>
    ///非连接式查询,获取 DataTable
    ///</summary>
    ///<param name="strSql">SQL 语句</param>
    ///<param name="cmdType">命令类型</param>
    ///<param name="pms">参数数组</param>
    ///<returns></returns>
    public static DataTable ExcuteDataTable(string strSql,CommandType
        cmdType,params SqlParameter[] pms)
    {
        DataTable dt=new DataTable();
        using (SqlDataAdapter adapter=new SqlDataAdapter(strSql,
            ConnectionString))
        {
            adapter.SelectCommand.CommandType=cmdType;
            if(pms!=null)
            {
                adapter.SelectCommand.Parameters.AddRange(pms);
            }
            adapter.Fill(dt);
            return dt;
        }
    }
    ///<summary>
    ///连接式查询,获取 DataReader
    ///</summary>
    ///<param name="strSql">SQL 语句</param>
    ///<param name="cmdType">命令类型</param>
    ///<param name="pms">参数数组</param>
    ///<returns></returns>
    public static SqlDataReader ExecuteReader(string strSql,CommandType
        cmdType,params SqlParameter[] pms)
    {
```

```csharp
        SqlConnection con=new SqlConnection(ConnectionString);
        using (SqlCommand cmd=new SqlCommand(strSql,con))
        {
            cmd.CommandType=cmdType;
            if(pms!=null)
            {
                cmd.Parameters.AddRange(pms);
            }
            try
            {
                con.Open();
                return cmd.ExecuteReader(CommandBehavior.CloseConnection);
            }
            catch
            {
                con.Close();
                con.Dispose();
                throw;
            }
        }
    }
    ///<summary>
    ///查询结果只有1行1列,获取单一数据
    ///</summary>
    ///<param name="strSql">SQL 语句</param>
    ///<param name="cmdType">命令类型</param>
    ///<param name="pms">参数数组</param>
    ///<returns></returns>
    public static object ExecuteScalar(string strSql,CommandType cmdType,
      params SqlParameter[] pms)
    {
        using (SqlConnection con=new SqlConnection(ConnectionString))
        {
            using (SqlCommand cmd=new SqlCommand(strSql, con))
            {
                //设置当前执行的是存储过程还是带参数的 SQL 语句
                cmd.CommandType=cmdType;
                if(pms !=null)
                {
                    cmd.Parameters.AddRange(pms);
                }
                con.Open();
                return cmd.ExecuteScalar();
            }
        }
    }
    ///<summary>
    ///增、删、改操作,进行数据编辑
```

```
///</summary>
///<param name="strSql">SQL 语句</param>
///<param name="cmdType">命令类型</param>
///<param name="pms">参数数组</param>
///<returns></returns>
public static int ExecuteNonQuery(string strSql,CommandType cmdType,
    params SqlParameter[] pms)
{
    using (SqlConnection con=new SqlConnection(ConnectionString))
    {
        using (SqlCommand cmd=new SqlCommand(strSql,con))
        {
            //设置当前执行的是存储过程还是带参数的 SQL 语句
            cmd.CommandType=cmdType;
            if(pms !=null)
            {
                cmd.Parameters.AddRange(pms);
            }
            con.Open();
            return cmd.ExecuteNonQuery();
        }
    }
}
```

9.4 图书信息管理模块的实现

9.4.1 需求描述

图书员管理系统中要对图书信息进行管理,主要包含以下几个子功能。

1. 新增图书信息

管理员登录系统后,输入图书基本信息(图书名称、主编、序号、出版社、出版日期、ISBN 号等),验证输入数据的合法性。如果输入合法,则将这些信息新增到数据库中。

2. 查询图书信息

输入图书名称等信息,根据图书名称查询出图书,展示在列表中。

3. 修改图书信息

在列表中选择某本图书信息,对该图书的信息进行修改,验证输入的合法性。如果输入合法,则修改这些信息。

9.4.2 系统设计

1. 架构设计

采用简单三层架构,即数据访问层、业务逻辑层和表示层。三层架构的示意图如图 9-3 所示。

第9章 ADO.NET 编程

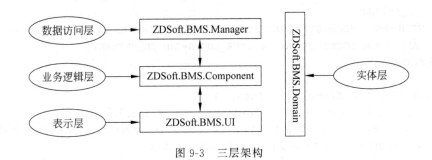

图9-3 三层架构

2. 图书相关属性

图书相关属性如图9-4 所示。

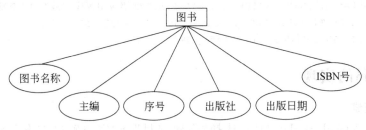

图9-4 图书相关属性

3. 图书类图

图书类图如图9-5 所示。

4. 创建数据库和表

在 SQL Server 数据库中新建查询窗口，将以下 SQL 语句复制到查询窗口并执行，即可创建数据库和表。

图9-5 图书类图

```
USE[master]
GO
/****** Object: Database[BMSDB] Script Date: 08/12/2019 12:11:17 ******/
CREATE DATABASE[BMSDB] ON PRIMARY
(NAME=N'BMSDB', FILENAME=N'F:\04Demo\BMSDB.mdf', SIZE=3072KB, MAXSIZE=
  UNLIMITED, FILEGROWTH=1024KB)
LOG ON
(NAME=N'BMSDB_log', FILENAME=N'F:\04Demo\BMSDB_log.ldf', SIZE=1024KB,
  MAXSIZE=2048GB, FILEGROWTH=10%)
GO
CREATE TABLE[dbo].[BookInfo](
    [Id][int] IDENTITY(1,1) NOT NULL,
    [BookName][nvarchar](350) NULL,
    [ChiefEditor][nvarchar](150) NULL,
    [Publisher][nvarchar](150) NULL,
    [PublishDate][date] NULL,
    [ISBN][nvarchar](150) NULL,
    CONSTRAINT[PK_BookInfo] PRIMARY KEY CLUSTERED
(
```

```
        [Id] ASC
    )WITH (PAD_INDEX=OFF, STATISTICS_NORECOMPUTE=OFF, IGNORE_DUP_KEY=OFF,
        ALLOW_ROW_LOCKS=ON, ALLOW_PAGE_LOCKS=ON) ON[PRIMARY]
) ON[PRIMARY]
GO
SET IDENTITY_INSERT[dbo].[BookInfo] ON
INSERT[dbo].[BookInfo] ([Id],[BookName],[ChiefEditor],[Publisher],
    [PublishDate],[ISBN]) VALUES (1, N'C# 设计模式', N'刘伟', N'清华大学出版社',
    CAST(0xB63D0B00 AS Date), N'978-7-302-48570-4')
INSERT[dbo].[BookInfo] ([Id],[BookName],[ChiefEditor],[Publisher],
    [PublishDate],[ISBN]) VALUES (2, N'ASP.NET Web 程序设计', N'丁允超', N'清华大学出
    版社', CAST(0xFE3C0B00 AS Date), N'978-7-302-47165-3')
INSERT[dbo].[BookInfo] ([Id],[BookName],[ChiefEditor],[Publisher],
    [PublishDate],[ISBN]) VALUES (3, N'ASP.NET 框架应用程序实战', N'李发陵', N'清华大
    学出版社', CAST(0x493C0B00 AS Date), N'978-7-302-45502-8')
SET IDENTITY_INSERT[dbo].[BookInfo] OFF
```

9.4.3 编码的实现

1. 框架搭建

(1) 打开 Visual Studio 2013,选择"新建项目"→"空白解决方案",将方案命名为 ZDSoft.BMS,如图 9-6 所示。

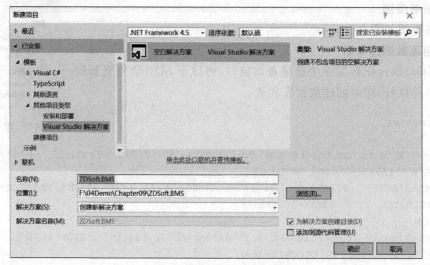

图 9-6 新建空白解决方案

(2) 右击 ZDSoft.BMS,选择"添加新建项目",在"添加新项目"对话框中选择"类库",命名为 ZDSoft.BMS.Domain,如图 9-7 所示。

(3) 右击 ZDSoft.BMS,选择"添加新建项目",在"添加新项目"对话框中选择"类库",命名为 ZDSoft.BMS.Manager,如图 9-8 所示。

(4) 右击 ZDSoft.BMS,选择"添加新建项目"命令,在"添加新项目"对话框中选择"类库",命名为 ZDSoft.BMS.Component,如图 9-9 所示。

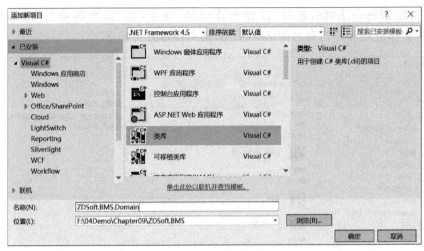

图 9-7　新建实体层

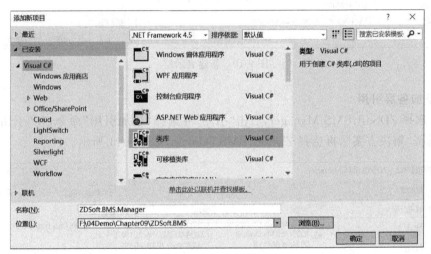

图 9-8　新建数据访问层

图 9-9　新建业务逻辑层

（5）右击 ZDSoft.BMS，选择"添加新建项目"命令，在"添加新项目"对话框中选择"Windows 窗体应用程序"，命名为 ZDSoft.BMS.UI，如图 9-10 所示。

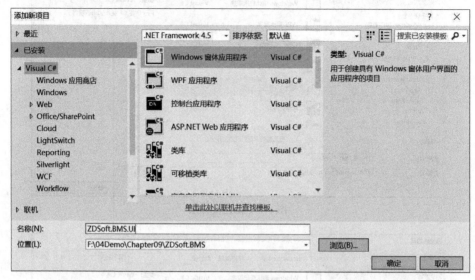

图 9-10　新建表示层

2. 添加各层引用

（1）选择 ZDSoft.BMS.Manager，右击"引用"并选择"添加引用"命令，在"引用管理器"窗口中选择"解决方案"，再选择 ZDSoft.BMS.Domain，如图 9-11 所示。

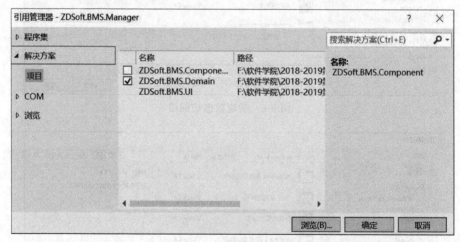

图 9-11　添加数据访问层引用

（2）选择 ZDSoft.BMS.Component，右击"引用"并选择"添加引用"命令，在"引用管理器"窗口中选择"解决方案"，再选择 ZDSoft.BMS.Domain 和 ZDSoft.BMS.Manager，如图 9-12 所示。

（3）选择 ZDSoft.BMS.UI，右击"引用"并选择"添加引用"命令，在"引用管理器"窗口中选择"解决方案"，再选择 ZDSoft.BMS.Domain 和 ZDSoft.BMS.Manager，如图 9-13 所示。

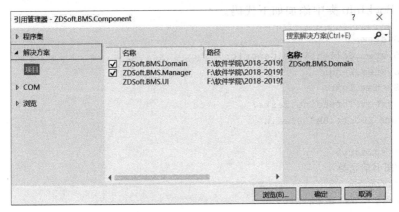

图 9-12 添加业务逻辑层引用

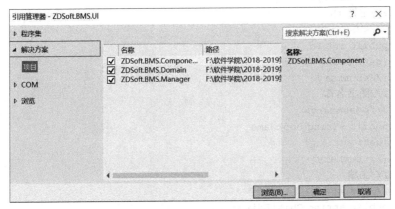

图 9-13 添加表示层引用

3．实体层编码

（1）右击项目 ZDSoft.BMS.Domain，选择"添加新建项"命令，在"添加新项"窗口中选择"类"，命名为 BookInfo，如图 9-14 所示。

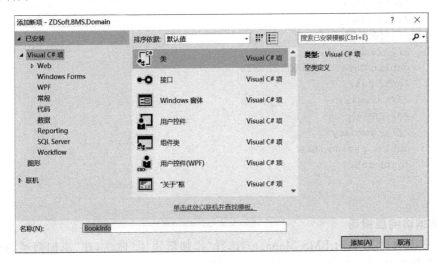

图 9-14 添加 BookInfo 类

157

(2) 在 BookInfo 类中添加如下代码。

```csharp
using System;
using System.Collections.Generic;
using System.Linq;
using System.Text;
using System.Threading.Tasks;
namespace ZDSoft.BMS.Domain
{
    ///<summary>
    ///图书信息类
    ///</summary>
    public class BookInfo
    {
        ///<summary>
        ///主键 ID
        ///</summary>
        public int Id
        {get; set;}
        ///<summary>
        ///图书名称
        ///</summary>
        public string BookName
        {get; set;}
        ///<summary>
        ///主编
        ///</summary>
        public string ChiefEditor
        {get; set;}
        ///<summary>
        ///出版社
        ///</summary>
        public string Publisher
        {get; set;}
        ///<summary>
        ///出版日期
        ///</summary>
        public DateTime PublishDate
        {get; set;}
        ///<summary>
        ///ISBN 号
        ///</summary>
        public string ISBN
        {get; set;}
    }
}
```

4. 数据访问层编码

(1) 右击项目 ZDSoft.BMS.Manager,选择"添加新建项"命令,在"添加新项"窗口中选择"类",命名为 BookInfoManager,如图 9-15 所示。

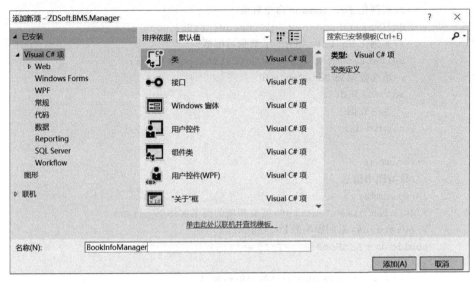

图 9-15　添加 BookInfoManager 类

（2）在 BookInfoManager 类中添加如下代码。

```csharp
using System;
using System.Collections.Generic;
using System.Data;
using System.Data.SqlClient;
using System.Linq;
using System.Text;
using System.Threading.Tasks;
using ZDSoft.BMS.Domain;
namespace ZDSoft.BMS.Manager
{
    public class BookInfoManager
    {
        //数据连接字符串
        private static readonly string ConnectionString= "Data Source=PC-
            201902241945;Initial Catalog=BMSDB;User ID=sa;Password=123456;";
        ///<summary>
        ///获取所有图书信息
        ///</summary>
        ///<returns></returns>
        public DataTable GetAllBookList()
        {
            //定义并实例化 DataTable
            DataTable dt=new DataTable();
            //实例化数据库连接对象
            SqlConnection cnn=new SqlConnection(ConnectionString);
            //查询 SQL 语句
            string strSql="select Id ID, BookName 图书名称,ChiefEditor 主编,
                Publisher 出版社,PublishDate 出版日期,ISBN ISBN 号 from BookInfo ";
```

```csharp
            //实例化SqlCommand命令对象
            SqlCommand cmd=new SqlCommand(strSql, cnn);
            //实例化SqlDataAdapter数据适配器
            SqlDataAdapter adp=new SqlDataAdapter(cmd);
            //填充数据到DataTable中
            adp.Fill(dt);
            //返回数据
            return dt;
        }
        ///<summary>
        ///新增图书信息
        ///</summary>
        ///<param name="entity">需要新增的图书实体</param>
        ///<returns>返回影响数目</returns>
        public int AddBook(BookInfo entity)
        {
            //定义整型变量,用于记录数据影响数目
            int count=0;
            //实例化数据库连接对象
            SqlConnection cnn=new SqlConnection(ConnectionString);
            //插入SQL语句
            string strSql="insert into BookInfo values (@bookName,
               @chiefEditor,@publisher,@pulishDate,@ISBN)";
            //实例化SqlCommand命令对象
            SqlCommand cmd=new SqlCommand();
            //设置执行的SQL语句
            cmd.CommandText=strSql;
            //设置连接对象
            cmd.Connection=cnn;
            //设置参数
            cmd.Parameters.AddWithValue("@bookName",entity.BookName);
            cmd.Parameters.AddWithValue("@chiefEditor", entity.ChiefEditor);
            cmd.Parameters.AddWithValue("@publisher", entity.Publisher);
            cmd.Parameters.AddWithValue("@pulishDate", entity.PublishDate);
            cmd.Parameters.AddWithValue("@ISBN", entity.ISBN);
            //打开数据库连接
            cnn.Open();
            //执行命令
            count=cmd.ExecuteNonQuery();
            //关闭数据库连接
            cnn.Close();
            //返回数据影响数目
            return count;
        }
        ///<summary>
        ///修改图书信息
        ///</summary>
        ///<param name="entity">需要修改的图书实体</param>
```

```csharp
///<returns>返回影响数目</returns>
public int EditBook(BookInfo entity)
{
    //定义整型变量,用于记录数据影响数目
    int count=0;
    //实例化数据库连接对象
    SqlConnection cnn=new SqlConnection(ConnectionString);
    //修改 SQL 语句
    string strSql="Update BookInfo set BookName=@bookName,ChiefEditor=
        @chiefEditor,Publisher=@publisher,PublishDate=@pulishDate,ISBN=
        @ISBN where Id=@Id";
    //实例化 SqlCommand 命令对象
    SqlCommand cmd=new SqlCommand();
    //设置执行的 SQL 语句
    cmd.CommandText=strSql;
    //设置连接对象
    cmd.Connection=cnn;
    //设置参数
    cmd.Parameters.AddWithValue("@bookName", entity.BookName);
    cmd.Parameters.AddWithValue("@chiefEditor", entity.ChiefEditor);
    cmd.Parameters.AddWithValue("@publisher", entity.Publisher);
    cmd.Parameters.AddWithValue("@pulishDate", entity.PublishDate);
    cmd.Parameters.AddWithValue("@ISBN", entity.ISBN);
    cmd.Parameters.AddWithValue("@Id", entity.Id);
    //打开数据库连接
    cnn.Open();
    //执行命令
    count=cmd.ExecuteNonQuery();
    //关闭数据库连接
    cnn.Close();
    //返回数据影响数目
    return count;
}
///<summary>
///根据 ID 查询图书实体并返回
///</summary>
///<param name="id">查询图书的 ID</param>
///<returns>返回查询的图书实体</returns>
public BookInfo GetBookInfoById(int id)
{
    //实例化图书
    BookInfo entity=new BookInfo();
    //实例化数据库连接对象
    SqlConnection cnn=new SqlConnection(ConnectionString);
    //查询 SQL 语句
    string strSql="select * from BookInfo where Id=@Id";
    //实例化 SqlCommand 命令对象
    SqlCommand cmd=new SqlCommand();
```

```csharp
//设置执行的 SQL 语句
cmd.CommandText=strSql;
//设置连接对象
cmd.Connection=cnn;
//设置参数
cmd.Parameters.AddWithValue("@Id", id);
//定义并实例化 DataTable
DataTable dt=new DataTable();
//打开数据库连接
cnn.Open();
//实例化 SqlDataAdapter 数据适配器
SqlDataAdapter adp=new SqlDataAdapter(cmd);
//填充数据到 DataTable 中
adp.Fill(dt);
//关闭数据库连接
cnn.Close();
//判断 DataTable 是否为空
if (dt !=null)
{
    //判断 DataTable 中是否有数据
    if (dt.Rows.Count>0)
    {
        //定义 DataRow 对象,并将 DataTable 第 1 行数据赋值给 DataRow 对象
        DataRow dr=dt.Rows[0];
        //将数据从 DataRow 对象中取出,并赋值给实体的各属性
        entity.BookName=dr["BookName"].ToString();
        entity.ChiefEditor=dr["ChiefEditor"].ToString();
        entity.ISBN=dr["ISBN"].ToString();
        entity.PublishDate=DateTime.Parse(dr["PublishDate"].
            ToString());
        entity.Publisher=dr["Publisher"].ToString();
        entity.Id=Int32.Parse(dr["Id"].ToString());
        //返回实体
        return entity;
    }
    return null;
}
else
{return null;}
```

5. 业务逻辑层编码

(1) 右击项目 ZDSoft.BMS.Component,选择"添加新建项"命令,在"添加新项"窗口中选择"类",命名为 BookInfoComponent,如图 9-16 所示。

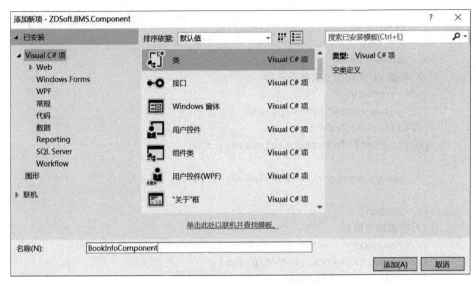

图 9-16　添加 BookInfoComponent 类

（2）在 BookInfoComponent 类中添加如下代码。

```
using System;
using System.Collections.Generic;
using System.Data;
using System.Linq;
using System.Text;
using System.Threading.Tasks;
using ZDSoft.BMS.Domain;
using ZDSoft.BMS.Manager;
namespace ZDSoft.BMS.Component
{
    public class BookInfoComponent
    {
        //实例化 BookInfoManager
        BookInfoManager manager=new BookInfoManager();
        ///<summary>
        ///获取所有图书信息
        ///</summary>
        ///<returns></returns>
        public DataTable GetAllBookList()
        {
            return manager.GetAllBookList();
        }
        ///<summary>
        ///新增图书信息
        ///</summary>
        ///<param name="entity"></param>
        ///<returns></returns>
        public int AddBook(BookInfo entity)
```

```
        {
            return manager.AddBook(entity);
        }
        ///<summary>
        ///根据ID查询图书实体并返回
        ///</summary>
        ///<param name="id"></param>
        ///<returns></returns>
        public BookInfo GetBookInfoById(int id)
        {
            return manager.GetBookInfoById(id);
        }
        ///<summary>
        ///修改图书信息
        ///</summary>
        ///<param name="entity"></param>
        ///<returns></returns>
        public int EditBook(BookInfo entity)
        {
            return manager.EditBook(entity);
        }
    }
}
```

6. 表示层图书列表实现

(1) 右击项目 ZDSoft.BMS.UI,选择"添加新建项"命令,在"添加新项"窗口中选择 "Windows 窗体",命名为 BookInfoList,如图 9-17 所示。

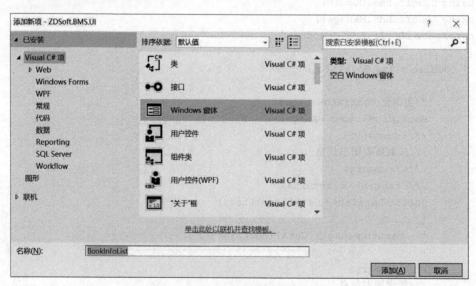

图 9-17 添加图书列表窗体

(2) 在 BookInfoList 窗体中添加控件,如表 9-13 所示。

表 9-13　BookInfoList 窗体控件

控 件 类 型	控件 ID	说　　　明
Button 控件	btnAdd	新增按钮
Button 控件	btnEdit	修改按钮
TextBox 控件	txtID	隐藏控件,用于保存修改时的图书 ID
DataGridView 控件	dgvBookList	列表控件,用于显示图书信息

设计窗体如图 9-18 所示。

图 9-18　图书列表窗体设计

(3) 右击窗体,选择查看代码命令,用以下代码覆盖原有代码。

```
using System;
using System.Collections.Generic;
using System.ComponentModel;
using System.Data;
using System.Drawing;
using System.Linq;
using System.Text;
using System.Threading.Tasks;
using System.Windows.Forms;
using ZDSoft.BMS.Component;
namespace ZDSoft.BMS.UI
{
    public partial class BookInfoList: Form
    {
        BookInfoComponent com=new BookInfoComponent();
        ///<summary>
        ///构造函数
        ///</summary>
        public BookInfoList()
        {
```

```csharp
    InitializeComponent();
}
///<summary>
///绑定数据
///</summary>
public void BindData()
{
    //获取所有图书信息
    DataTable dt=com.GetAllBookList();
    //将数据绑定到控件中
    this.dgvBookList.DataSource=dt;
}
///<summary>
///加载窗体后,执行列表数据绑定
///</summary>
///<param name="sender"></param>
///<param name="e"></param>
private void BookInfoList_Load(object sender, EventArgs e)
{
    BindData();
}
///<summary>
///新增,弹出新增图书窗体
///</summary>
///<param name="sender"></param>
///<param name="e"></param>
private void btnAdd_Click(object sender, EventArgs e)
{
    BooksAdd book=new BooksAdd(this);
    book.ShowDialog();
}
///<summary>
///修改,弹出修改图书窗体
///</summary>
///<param name="sender"></param>
///<param name="e"></param>
private void btnEdit_Click(object sender, EventArgs e)
{
    if (!this.txtID.Text.Trim().Equals(string.Empty))
    {
        BookEdit form=new BookEdit(Int32.Parse(this.txtID.Text.Trim()),
            this);
        form.ShowDialog();
    }
    else
    {
        MessageBox.Show("请先选择需要修改的图书!");
    }
}
```

```
///<summary>
///选择单元格获取该数据的 ID
///</summary>
///<param name="sender"></param>
///<param name="e"></param>
private void dgvBookList_CellClick(object sender,
   DataGridViewCellEventArgs e)
{
    this.txtID.Text=this.dgvBookList.Rows[e.RowIndex].Cells[0].Value.
        ToString();
}
}
}
```

(4) 按 F5 键运行代码，效果如图 9-19 所示。

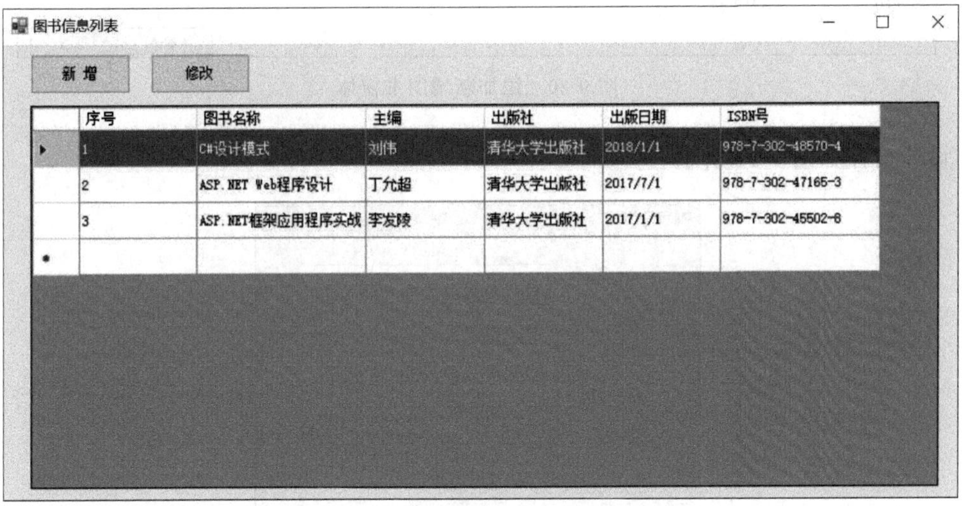

图 9-19　图书列表效果

7. 表示层新增图书实现

(1) 右击项目 ZDSoft.BMS.UI，选择"添加新建项"命令，在"添加新项"窗口中选择"Windows 窗体"，命名为 BooksAdd，如图 9-20 所示。

(2) 在 BooksAdd 窗体中添加控件，如表 9-14 所示。

表 9-14　BooksAdd 窗体中可添加的控件

控件类型	控件 ID	说　　明
TextBox 控件	txtBookName	图书名称
TextBox 控件	txtChiefEditor	主编
TextBox 控件	txtPublisher	出版社
TextBox 控件	txtPublishDate	出版日期
TextBox 控件	txtISBN	ISBN 号
Button 控件	btnSave	"保存"按钮

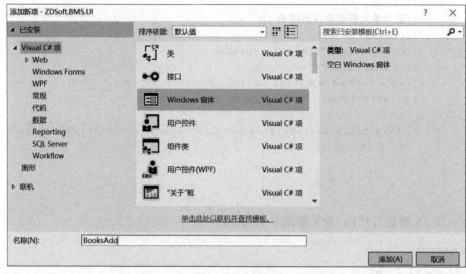

图 9-20 添加新增图书窗体

设计窗体如图 9-21 所示。

图 9-21 新增图书窗体设计

(3) 右击窗体,选择查看代码命令,用以下代码覆盖原有代码。

```
using System;
using System.Collections.Generic;
using System.ComponentModel;
using System.Data;
using System.Drawing;
using System.Linq;
using System.Text;
using System.Threading.Tasks;
using System.Windows.Forms;
using ZDSoft.BMS.Component;
using ZDSoft.BMS.Domain;
namespace ZDSoft.BMS.UI
{
    public partial class BooksAdd: Form
```

```csharp
{
    BookInfoList FList;
    public BooksAdd(BookInfoList fList)
    {
        this.FList=fList;
        InitializeComponent();
    }
    ///<summary>
    ///保存图书信息
    ///</summary>
    ///<param name="sender"></param>
    ///<param name="e"></param>
    private void btnSave_Click(object sender, EventArgs e)
    {
        //获取控件中信息
        string bookName=this.txtBookName.Text.Trim();
        string chiefEditor=this.txtChiefEditor.Text.Trim();
        string publisher=this.txtPublisher.Text.Trim();
        DateTime publishDate=DateTime.Parse(this.txtPublishDate.Text.Trim());
        string ISBN=this.txtISBN.Text.Trim();
        //实例化图书实体
        BookInfo entity=new BookInfo();
        //为图书实体赋值
        entity.BookName=bookName;
        entity.ChiefEditor=chiefEditor;
        entity.ISBN=ISBN;
        entity.PublishDate=publishDate;
        entity.Publisher=publisher;
        //实例化 BookInfoComponent 对象
        BookInfoComponent com=new BookInfoComponent();
        //新增图书信息
        int count=com.AddBook(entity);
        if (count>0)
        {
            FList.BindData();
            MessageBox.Show("新增成功!");
        }
        else
        {
            MessageBox.Show("新增失败!");
        }
    }
}
```

（4）运行代码，效果如图 9-22 所示。

8．表示层修改图书实现

（1）右击项目 ZDSoft.BMS.UI，选择"添加新建项"命令，在"添加新项"窗口中选择"Windows 窗体"，命名为 BookEdit，如图 9-23 所示。

（2）在 BookEdit 窗体中添加控件，内容同表 9-14。

图 9-22 新增图书效果

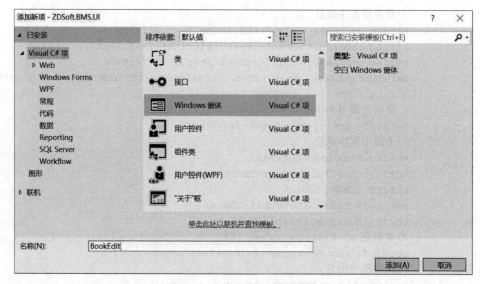

图 9-23 添加并修改图书窗体

设计窗体如图 9-24 所示。

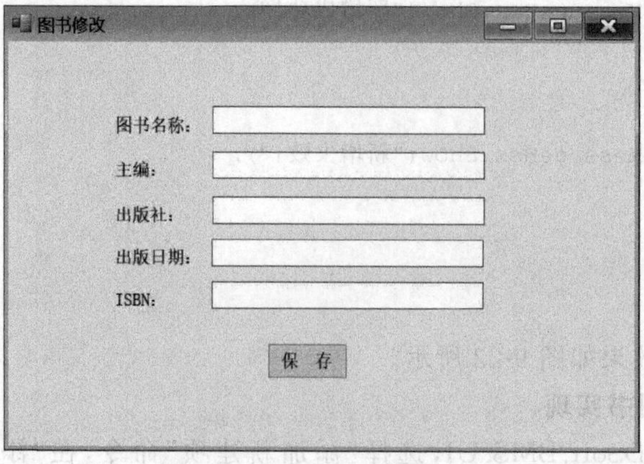

图 9-24 修改图书窗体设计

(3) 右击窗体,选择查看代码命令,用以下代码覆盖原有代码。

```csharp
using System;
using System.Collections.Generic;
using System.ComponentModel;
using System.Data;
using System.Drawing;
using System.Linq;
using System.Text;
using System.Threading.Tasks;
using System.Windows.Forms;
using ZDSoft.BMS.Component;
using ZDSoft.BMS.Domain;
namespace ZDSoft.BMS.UI
{
    public partial class BookEdit: Form
    {
        BookInfoList FList;
        ///<summary>
        ///构造函数,接收窗体和修改图书 ID
        ///</summary>
        ///<param name="id"></param>
        ///<param name="fList"></param>
        public BookEdit(int id, BookInfoList fList)
        {
            this.FList=fList;
            InitializeComponent();
            this.lblID.Text=id.ToString();
        }
        ///<summary>
        ///加载窗体,显示图书信息
        ///</summary>
        ///<param name="sender"></param>
        ///<param name="e"></param>
        private void BookEdit_Load(object sender, EventArgs e)
        {
            DataBind();
        }
        ///<summary>
        ///根据 ID 获取需要修改的图书信息,并显示到控件中
        ///</summary>
        public void DataBind()
        {
            BookInfo entity=new BookInfo();
            BookInfoComponent com=new BookInfoComponent();
            entity=com.GetBookInfoById(Int32.Parse(this.lblID.Text));
            this.txtBookName.Text=entity.BookName;
            this.txtChiefEditor.Text=entity.ChiefEditor;
            this.txtISBN.Text=entity.ISBN;
            this.txtPublishDate.Text=entity.PublishDate.ToString();
            this.txtPublisher.Text=entity.Publisher;
```

```
}
///<summary>
///保存图书信息
///</summary>
///<param name="sender"></param>
///<param name="e"></param>
private void btnSave_Click(object sender, EventArgs e)
{
    //实例化图书实体
    BookInfo entity=new BookInfo();
    //获取图书信息,并赋值给图书实体
    entity.BookName=this.txtBookName.Text;
    entity.ChiefEditor=this.txtChiefEditor.Text;
    entity.ISBN=this.txtISBN.Text;
    entity.PublishDate=DateTime.Parse(this.txtPublishDate.Text.
       ToString());
    entity.Publisher=this.txtPublisher.Text;
    entity.Id=Int32.Parse(this.lblID.Text);
    //实例化 BookInfoComponent 对象
    BookInfoComponent com=new BookInfoComponent();
    //执行修改操作
    int count=com.EditBook(entity);
    if (count>0)
    {
        FList.BindData();
        MessageBox.Show("修改成功!");
    }
    else
    {
        MessageBox.Show("修改失败!");
    }
}
```

(4) 运行代码,效果如图 9-25 所示。

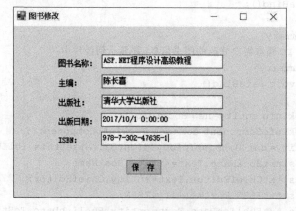

图 9-25 修改图书效果

9.5 小结

本章主要介绍了 ADO.NET 编程相关知识，并介绍了 ADO.NET 中包括的多个对象模型，还分别介绍了 Connection、Command、DataReader、DataAdapter、Parameter、DataSet、DataTable 等对象的方法和属性。通过实现图书信息管理模块，介绍了简单三层架构的搭建，并将各个对象应用到模块开发中。

习题

1. 对数据表执行添加、修改和删除操作时，分别使用什么语句？
2. ADO.NET 中主要包含哪几个对象？
3. 如何连接 SQL Server 数据库？
4. DataAdapter 对象和 DataSet 对象有什么关系？
5. 如何访问 DataSet 数据集中的指定数据表？
6. 简述 DataSet 对象与 DataReader 对象的区别。
7. 简述 DataGridView 控件和 BindingSource 组件的主要作用。

第 10 章 文 件 操 作

应用程序对数据操作的数据源大多数时候都来源于文件,而文件一般都存储在磁盘中,因此,对于文件的读/写、修改等常规操作,是应用程序处理文件的基本操作。.NET Framework 提供了强大的文件操作功能,利用这些功能可以方便地实现对文件的操作。

10.1 文件的输入/输出

10.1.1 文件的输入/输出与流

在.NET Framework 中,文件是存储在介质上的静态数据,它具有文件名、扩展名以及文件的存储路径,而流(stream)是当对数据进行读、写时所形成的一种状态。流不仅指打开磁盘文件,也可以是网络上传输的数据,或控制台输入/输出状态的数据。

流包括读取(read)、写入(write)、定位(seek)3 种基本操作。read 表示把数据从流输出到某种数据结构,例如输出到数组中;write 表示把数据从某种数据结构输入到流中,如从数组到流;seek 表示在流中查询当前的位置。

与操作流相关的类位于 System.IO 命名空间中,常用的类有 Stream 类、TextReader 类和 TextWriter 类及其派生类,以及 FileStream 类、MemoryStream 类和 BufferStream 类。

1. Stream 类

Stream 类是所有流的抽象基类,它的主要属性有 CanRead(是否支持读取)、CanWrite(是否支持写入)、Length(流的长度)、Position(流的位置)等。它的主要方法有 Read(读取字节序列)、Write(写入字节序列)、Flush(刷新数据)、Close(关闭当前流)。

2. TextReader 类和 TextWriter 类

TextReader 类是一个可读取连续字符系列的读取器,是 StreamReader 类和 StringReader 类的抽象基类。TextWriter 类是一个可写入连续字符系列的读取器,是 StreamWriter 类和 StringWriter 类的抽象基类。StreamReader 类和 StreamWriter 类使用 Encoding 编码,StreamReader 类从流或文本文件中读取字符,StreamWriter 类向流或者文本文件写入字符。StringReader 类从字符串中读取字符,StringWriter 类向字符串中写入字符。

3. FileStream 类、MemoryStream 类和 BufferStream 类

文件流 FileStream 类以流的形式读/写、打开或关闭文件。内存流 MemoryStream 类用来在内存中创建流,保存临时的数据,可直接对它进行读/写、查找操作,提高文件访问的效率。缓存流 BufferStream 类先把流添加到缓冲区,再对数据进行读/写操作,减少了访问数据的次数。

10.1.2 读/写文本文件

文本文件是一种纯文本的文件，它保存的是字符的编码。在.NET 中提供了多种编码，包括 ASCII、UTF8、UTF7、Unicode、UTF32 等。

读/写文本文件主要使用文本读取器(TextReader)和文本写入器(TextWriter)，也可以使用派生类流读取器(StreamReader)和流写入器(StreamWriter)。读写文本文件使用的常用方法有 Read(读取下一个字符，如不存在，返回－1)、ReadLine(读取下一行字符)、ReadToEnd(读取到最后)、Write(写入文本流)、WriteLine(写入下一行数据)、Flush(清除缓冲区并把缓冲区数据写入)、Close(关闭资源)。

【例 10-1】 读取一个文本文件并显示，修改后再保存，界面设计如图 10-1 所示。案例中使用的控件有 TextBox 和 Button，其中，TextBox 的 MultiLine 属性为 true，Name 属性为 tx1；两个 Button 的 Name 属性分别为 btnSave 和 btnShow，Text 属性分别为"保存"和"显示"。

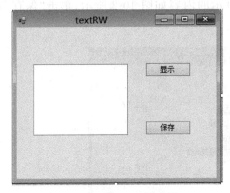

图 10-1　例 10-1 界面图

具体代码如下。

```
using System;
using System.Collections.Generic;
using System.ComponentModel;
using System.Data;
using System.Drawing;
using System.IO;
using System.Linq;
using System.Text;
using System.Windows.Forms;
namespace wffileOperate
{
    public partial class Form1: Form
    {
        public Form1()
        {
            InitializeComponent();
        }
        private void btnShow_Click(object sender, EventArgs e)
```

```
        {
            StreamReader sr=new StreamReader(@"C:\Users\冲\Desktop\曾经的你.
              txt",Encoding.Default);
            tx1.Text=sr.ReadToEnd();
            sr.Close();
        }
        private void btnSave_Click(object sender, EventArgs e)
        {
            StreamWriter sw=new StreamWriter(@"C:\Users\冲\Desktop\曾经的你.
              txt",false,Encoding.Default);
            sw.WriteLine(tx1.Text);
            sw.WriteLine(DateTime.Now.ToString());
            sw.Close();
        }
    }
```

该程序运行后，单击"显示"按钮，显示的内容如图 10-2 所示；单击"保存"按钮，效果如图 10-3 所示。

图 10-2　单击"显示"按钮

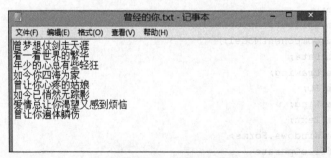

图 10-3　保存文件的效果

该程序首先使用 StreamReader 类的 ReadToEnd()方法读取本地的一个文本文件，并显示出来，修改文件后，使用 StreamWriter 类的 WriteLine()方法按行写入到本地文件"曾经的你.txt"中。如果该文件不存在，则在该路径上创建一个文件并写入显示的内容；如果该文件存在，则覆盖以前的数据，向文件写入修改后的所有数据并写入修改的时间。

10.1.3 读/写二进制文件

二进制文件是以二进制的形式存储的文件,数据存储为字节序列。二进制文件可以存储图像、声音、文本或者编译之后的程序代码。

在.NET 中,读/写二进制文件主要使用读取器 BinaryReader 类和写入器 BinaryWriter 类,这两个类都位于 System.IO 命名空间中。BinaryReader 类中主要的方法有 Read(读取输入流中的字符)、Close(关闭资源),BinaryWriter 类中主要的方法有 Write(写入流)等。

在使用读/写二进制文件的类时,需要先构造一个 FileStream 类或者 MemoryStream 类或者 BufferStream 类的对象,然后再使用 BinaryReader 类和 BinaryWriter 类。

【例 10-2】 写入一个保存水果的名称、价格、数量的二进制文件,然后读取数据并显示,其界面设计如图 10-4 所示。其中使用到的控件为 Label、TextBox、Button、ListBox。分别修改 3 个 Label 的 Text 为"名称""价格""数量";修改 3 个 TextBox 的 Name 为 txtName、txtPrice、txtCount;修改 ListBox 的 Name 为 lstdata;两个 button 的 Name 属性分别为 btnSave 和 btnShow,Text 属性分别为"保存"和"显示"。

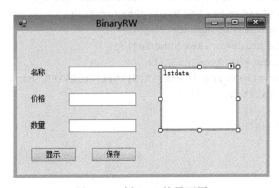

图 10-4 例 10-2 的界面图

具体代码如下。

```
using System;
using System.Collections.Generic;
using System.ComponentModel;
using System.Data;
using System.Drawing;
using System.IO;
using System.Linq;
using System.Text;
using System.Windows.Forms;
namespace wffileOperate
{
    public partial class Form2: Form
    {
        public Form2()
        {
            InitializeComponent();
        }
```

```csharp
private void btnSave_Click(object sender, EventArgs e)
{
    FileStream fl=new FileStream(@"C:\Users\冲\Desktop\fruit.txt",
        FileMode.Append, FileAccess.Write);
    BinaryWriter bw=new BinaryWriter(fl);
    bw.Write(txtName.Text);
    bw.Write(double.Parse(txtPrice.Text));
    bw.Write(int.Parse(txtCount.Text));
    bw.Close();
    fl.Close();
}
private void btnShow_Click(object sender, EventArgs e)
{
    //读取二进制文件
    lstdata.Items.Clear();
    lstdata.Items.Add("名称\t价格\t数量");
    FileStream fl=new FileStream(@"C:\Users\冲\Desktop\fruit.txt",
        FileMode.OpenOrCreate, FileAccess.Read);
    BinaryReader br=new BinaryReader(fl);
    string name=br.ReadString();
    double price=br.ReadDouble();
    int count=br.ReadInt32();
    string rt=string.Format("{0}\t{1}\t{2}\t", name, price, count);
    lstdata.Items.Add(rt);
    br.Close();
    fl.Close();
}
```

该程序首先创建了一个 FileStream 类的对象，传入了 3 个参数，作用分别为写入文件的路径和文件名、文件的使用模式为附加以及文件访问的方式为写入。然后创建了一个 BinaryStream 类的对象，这个对象使用文件流的对象间接地访问文件，最后使用 Write() 方法写入文件。当单击"显示"按钮时会读取文件，原理和写入操作一样。调用 Read() 方法有很多种方式，分别用于读取对应类型的数据。写入数据并单击"保存"按钮后，单击"显示"按钮，运行效果如图 10-5 所示。

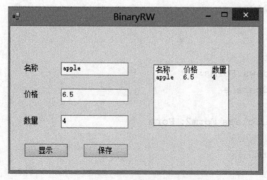

图 10-5　程序的运行效果

10.1.4 对象的序列化

当要读取写入的数据具有实体关系时,采用二进制读/写文件需要每次单个写入比较麻烦,这时使用对象序列化的方法读/写文件就比较方便。把数据封装为一个对象,采用.NET 的对象序列化方法,将对象转换为字节流写入数据,再采用.NET 的对象反序列化方法将字节流转换为对象从而读取数据。

在.NET Framework 中提供了 BinaryFormatter 类和 SoapFormatter 类支持对象序列化与反序列化的功能。BinaryFormatter 类位于 System.Runtime.Serialization.Formatters.Binary 命名空间中,SoapFormatter 类位于 System.Runtime.Serialization.Formatters.Soap 命名空间中。

注意:在使用 SoapFormatter 类时需要给项目添加引用,选择程序集框架里的 System.Runtime.Serialization.Formatters.Soap,然后这个命名空间才可使用。

SoapFormatter 类提供了把对象值转换为 SOAP 格式的数据的功能,可实现网上传输。

实现对象序列化的步骤是:首先,将需要序列化的实体用 Serializable 进行标记,然后调用 BinaryFormatter 类或者 SoapFormatter 类的 Serialize()方法实现对象的序列化或者调用 Deserialize()方法进行对象的反序列化。

【**例 10-3**】 使用对象序列化的方法实现例 10-2,界面如图 10-6 所示。

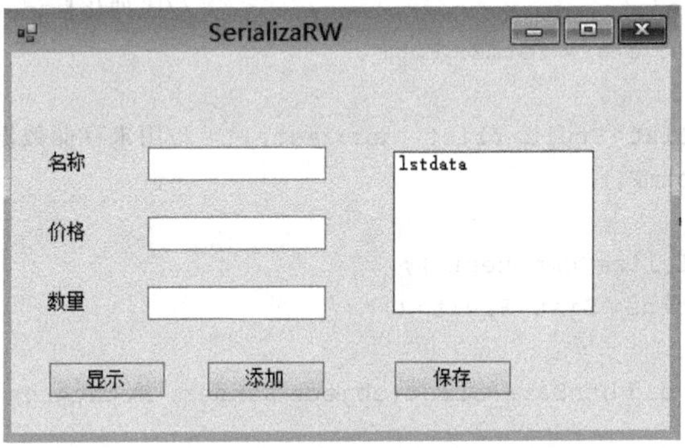

图 10-6 序列化界面

具体代码如下。

```
using System;
using System.Collections.Generic;
using System.Linq;
using System.Text;
namespace wffileOperate
{
    [Serializable]                  //序列化标记一个类
    public class Fruit
    {
        public string name {get; set;}
        public double price {get; set;}
        public int count {get; set;}
```

```csharp
        public Fruit(string name,double price,int count)
        {
            this.name=name;
            this.price=price;
            this.count=count;
        }
    }
using System;
using System.Collections.Generic;
using System.ComponentModel;
using System.Data;
using System.Drawing;
using System.IO;
using System.Linq;
using System.Runtime.Serialization.Formatters.Binary;
using System.Runtime.Serialization.Formatters.Soap;
using System.Text;
using System.Windows.Forms;
namespace wffileOperate
{
    [Serializable]                                    //序列化标记一个类
    public partial class Form2: Form
    {
        public IList<Fruit>flist {get; set;}   //用来存储数据后,再序列化写入磁盘
        public Form2()
        {
            InitializeComponent();
            flist=new List<Fruit>();
        }
        private void btnSave_Click(object sender, EventArgs e)
        {
            //对象序列化写文件
            FileStream fl=new FileStream(@"C:\Users\冲\Desktop\fruit.txt",
                FileMode.Append, FileAccess.Write);
            BinaryFormatter bf=new BinaryFormatter();
            bf.Serialize(fl,flist);     //对象集合列表 flist 序列化写入数据
            fl.Close();
        }
        private void btnShow_Click(object sender, EventArgs e)
        {
            //对象反序列化读文件
            FileStream fl=new FileStream(@"C:\Users\冲\Desktop\fruit.txt",
                FileMode.OpenOrCreate, FileAccess.Read);
            BinaryFormatter bf=new BinaryFormatter();
            IList<Fruit> fruits=(List<Fruit>)bf.Deserialize(fl);
                                                    //反序列化读取数据
            lstdata.Items.Add("名称\t价格\t数量");
```

```csharp
        foreach (var item in fruits)
        {
            string rt=string.Format("{0}\t{1}\t{2}\t", item.name, item.
              price, item.count);
            lstdata.Items.Add(rt);
        }
        fl.Close();
    }
    //添加数据到列表集合
    private void btnAdd_Click(object sender, EventArgs e)
    {
        string name=txtName.Text;
        double price=double.Parse(txtPrice.Text);
        int count=int.Parse(txtCount.Text);
        Fruit f=new Fruit(name, price, count);
        flist.Add(f);
    }
}
```

该程序运行后,输入数据并单击"添加"按钮,然后保存内容。重复几次操作,输入多条数据,如图 10-7 所示。单击"显示"后的效果如图 10-8 所示。

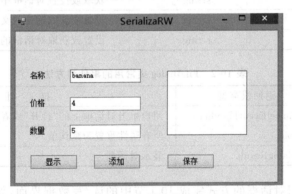

图 10-7 添加数据

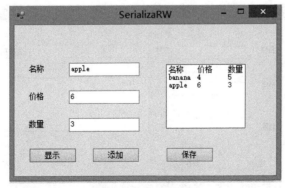

图 10-8 显示数据

10.2 文件操作控件

对于文件操作,除了基本的读/写以外,用户更多的时候需要使用可视化的窗口交互操作,例如对话框、消息框等。.NET Framework 提供了 SaveFileDialog、OpenFileDialog、FolderBrowseDialog、ColorDialog、FontDialog 等控件实现交互。

10.2.1 SaveFileDialog 和 OpenFileDialog 控件

SaveFileDialog 和 OpenFileDialog 控件都继承自 FileDialog 类,分别表示文件"另存为"对话框和"打开"文件对话框。FileDialog 类常用的属性、事件和方法分别如表 10-1 和表 10-2 所示。

表 10-1　FileDialog 类常用的属性

属性	类　型	描　　述
CheckFileExists	bool	当用户指定的文件不存在时是否警告
CheckPathExists	bool	检验用户选择的文件路径是否存在
DefaultExt	string	设置或获取文件默认的扩展名
FileName	string	获取或设置对话框中选择的文件名
FileNames	string[]	获取或设置对话框中选择的所有文件名
Filter	string	设置或获取筛选的文件类型
Title	string	设置或获取对话框的标题

表 10-2　FileDialog 类常用的事件和方法

事件及方法	返回值类型	描　　述
FileOk()	CancelEventHandler	用户单击对话框上的"打开"或者"保存"按钮时触发
Reset()	void	所有属性重置为默认值
ShowDialog()	DialogResult	显示对话框

【例 10-4】 使用对话框的方式完成 10.1 节中的读/写数据界面,如图 10-9 所示。从工具箱里拖入一个 SaveFileDialog 控件和 OpenFileDialog 控件,名字使用默认值,分别为

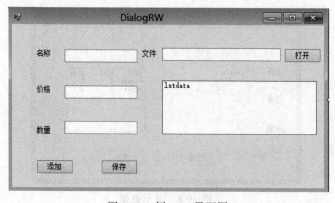

图 10-9　例 10-4 界面图

saveFileDialog1 和 openFileDialog1；然后分别双击这两个控件产生两个事件，分别为 saveFileDialog1_FileOk 和 openFileDialog1_FileOk。

具体代码如下。

```csharp
using System;
using System.Collections.Generic;
using System.ComponentModel;
using System.IO;
using System.Runtime.Serialization.Formatters.Binary;
using System.Windows.Forms;
namespace wffileOperate
{
    [Serializable]
    public partial class Form3: Form
    {
        public IList<Fruit>flist {get; set;}
        public Form3()
        {
            InitializeComponent();
            flist=new List<Fruit>();
        }
        private void btnOpen_Click(object sender, EventArgs e)
        {
            if (openFileDialog1.ShowDialog()==DialogResult.OK)
            {
                txtPath.Text=openFileDialog1.FileName;
            }
        }
        private void btnAdd_Click(object sender, EventArgs e)
        {
            string name=txtName.Text;
            double price=double.Parse(txtPrice.Text);
            int count=int.Parse(txtCount.Text);
            Fruit f=new Fruit(name, price, count);
            flist.Add(f);
        }
        private void btnSave_Click(object sender, EventArgs e)
        {
            saveFileDialog1.ShowDialog();
        }
        private void saveFileDialog1_FileOk(object sender, CancelEventArgs e)
        {
            Stream fl=saveFileDialog1.OpenFile();
            BinaryFormatter bf=new BinaryFormatter();
            bf.Serialize(fl, flist);
            fl.Close();
            MessageBox.Show("数据保存成功");
        }
        private void openFileDialog1_FileOk(object sender, CancelEventArgs e)
        {
```

```
        FileStream fl=new FileStream(openFileDialog1.FileName, FileMode.
           OpenOrCreate, FileAccess.Read);
        BinaryFormatter bf=new BinaryFormatter();
        IList<Fruit>fruits=(List<Fruit>)bf.Deserialize(fl);
        lstdata.Items.Add("名称\t价格\t数量");
        foreach (var item in fruits)
        {
            string rt=string.Format("{0}\t{1}\t{2}\t", item.name, item.
               price, item.count);
            lstdata.Items.Add(rt);
        }
        fl.Close();
     }
  }
}
```

输入数据后单击"添加"按钮,然后单击"保存"按钮,弹出"另存为"对话框,选择想要存储的路径和文件名并保存后,提示数据保存成功。然后单击"打开"按钮,显示选择文件的对话框,选择刚保存的文件并将其打开。最终程序运行效果如图10-10所示。

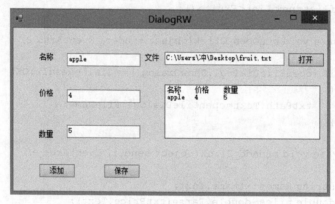

图 10-10　例 10-4 的运行效果

10.2.2　FolderBrowseDiolog、ColorDialog、FontDialog 控件

FolderBrowseDiolog 控件让用户浏览文件夹或创建新的文件夹。该类提供的主要属性有 RootFolder(获取或设置根文件夹)、SelectPath(获取用户选择的路径),主要方法有 ShowDialog(显示对话框)。ColorDialog 控件给用户提供选择颜色的方式,主要属性为 Color 对象。FontDialog 控件供用户选择字体的大小和字号,主要属性有 Font 对象和 Color 对象。这几个控件的用法与上面讲到的一些控件的用法差不多,这里就不再详细讲解了,读者可以自行练习。

10.2.3　应用实例——简易写字板

下面设计一个小的综合项目——简易写字板,以巩固并加深对文件操作知识的理解,锻炼读者的实践能力。

【例 10-5】 简易写字板实现文件的创建、打开、另存为、关闭等操作,还可设置文本的字体、颜色、文件存储路径等。

该项目需要的控件是 2 个 Form,一个 Form 作为主窗体用来管理文件;另一个 Form 用来设置默认的存储路径。主窗体上有 1 个 MenuStrip 控件,用来供用户进行选择操作;1 个 StatusStrip 控件用来显示状态栏信息;各有 1 个 OpenFileDialog、SaveFileDialog、ColorDialog、FontDialog 控件,分别用来打开文件、保存文件、设置颜色及字体;1 个 RichTextBox 控件用来编写文本。设置默认路径的窗体上有 1 个 Label 控件,用来显示文本;1 个 TextBox 控件用来显示用户选择的默认存储路径;3 个 Button 控件分别作为"浏览""确定""取消"按钮。具体界面设计效果如图 10-11 所示。

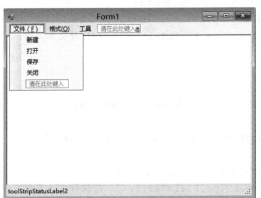

图 10-11 界面设计效果

经过修改并移除未使用的 using 语句后,实现主窗体的相关代码如下。

```csharp
using System;
using System.Windows.Forms;
namespace mdiDemo
{
    public partial class Form1: Form
    {
        public int wCount=0;              //用来记录文件名
        public string initPosition="";    //设置默认存储路径变量
        public static Form1 doc;          //主窗体
        public RichTextBox source         //绑定主窗体上的富文本框
        {
            get {return richTxt;}
            set {richTxt=value;}
        }
        public Form1()
        {
            InitializeComponent();
            labelStatus.Text="就绪";      //设置状态栏文本
        }
        private void newFile_Click(object sender, EventArgs e)
```

```csharp
            wCount++;
            doc=new Form1();
            doc.Text="文件"+wCount;
            doc.Show();                    //显示主窗体
        }
        private void openFile_Click(object sender, EventArgs e)
        {
            if (openFileDialog1.ShowDialog()==DialogResult.OK)
            {
                wCount++;
                doc=new Form1();
                doc.Text=openFileDialog1.FileName;
                doc.source.LoadFile(openFileDialog1.FileName,
                    RichTextBoxStreamType.PlainText);    //打开文本文件
                doc.Show();
            }
        }
        private void saveFile_Click(object sender, EventArgs e)
        {
            if (saveFileDialog1.ShowDialog()==DialogResult.OK)
            {
                doc.source.SaveFile(saveFileDialog1.FileName,
                    RichTextBoxStreamType.PlainText);    //保存文本文件
            }
        }
        private void fontMenu_Click(object sender, EventArgs e)
        {
            if (fontDialog1.ShowDialog()==DialogResult.OK && doc !=null)
            {
                doc.source.SelectionFont=fontDialog1.Font;    //设置选择文本的字体
            }
        }
        private void colorMenu_Click(object sender, EventArgs e)
        {
            if (colorDialog1.ShowDialog()==DialogResult.OK && doc !=null)
            {
                doc.source.SelectionColor=colorDialog1.Color;
                                                            //设置选择文本的颜色
            }
        }
        private void closeFile_Click(object sender, EventArgs e)
        {
            Application.Exit();                //退出应用程序
        }
        private void optionMenu_Click(object sender, EventArgs e)
        {
            Form2 dlg=new Form2();
```

```
            dlg.ShowDialog();                    //打开选项设置窗体
            initPosition=dlg.docPosition;
            dlg.Close();
            openFileDialog1.InitialDirectory=initPosition;
                                                //设置"打开"对话框的默认路径
            saveFileDialog1.InitialDirectory=initPosition;
                                                //设置"保存"对话框的默认路径
        }
    }
}
```

设置第二个窗体的代码如下。

```
using System;
using System.Windows.Forms;
namespace mdiDemo
{
    public partial class Form2: Form
    {
        public string docPosition {get; set;}
        public Form2()
        {
            InitializeComponent();
        }
        private void btnBrowse_Click(object sender, EventArgs e)
        {
            if (folderBrowserDialog1.ShowDialog()==DialogResult.OK)
            {
                txtPosition.Text=folderBrowserDialog1.SelectedPath;
                docPosition=txtPosition.Text;
            }
        }
        private void btnYes_Click(object sender, EventArgs e)
        {
            this.Hide();
        }
        private void btnCancle_Click(object sender, EventArgs e)
        {
            txtPosition.Text="";
            this.Hide();
        }
    }
}
```

保存一段文本后，程序最终的运行效果如图 10-12 所示，设置默认文件存储路径的效果如图 10-13 所示。打开一个文件，修改选择文本的字体、颜色，效果如图 10-14 所示。

图 10-12　保存编辑文本后的运行效果

图 10-13　选择默认文件存储路径的效果

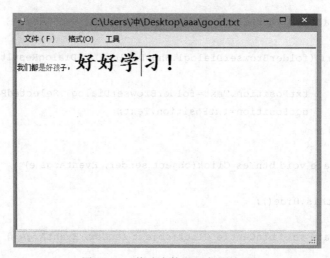

图 10-14　修改字体及颜色的效果

10.3　XML 文档编程

一般对于结构化程度不高的数据应用程序可以存储为文本文件或者二进制文件,结构化程度比较高的数据一般通过数据库(如 SQL Server、MySQL)来存储。前者相比后者效率更高,不需要连接数据库,从而节省了时间;后者相比前者更广泛应用于信息系统的管理中。为了统一互联网上的数据格式,人们在 1998 年推出了 XML(Extensible Markup Language)标准,本节将介绍 XML 相关技术。

10.3.1　XML 概述

XML 具有严格的语法规范和良好的可扩展性,允许用户自定义描述数据的结构,它不关心数据的显示方式。

一个标准的 XML 文档由两部分构成,即文档头部与文档主体。其中,文档头部包括语句的声明,一般语法格式如下。

```
<?xml version="1.0" encoding="UTF-8"?>
```

文档主体由若干个元素标记而成,文档有且仅有一个根元素,其他元素包含在根元素之内,称为子元素。每个元素都有开始标记和结束标记,开始标记使用"<标记名>",结束标记使用"</标记名>"。例如:

```
<students>
    <student>
        <name sid="111">李四</name>
        <age>23</age>
        <gender>男</gender>
    </student>
    <student>
        <name sid="222">张三</name>
        <age>21</age>
        <gender>女</gender>
    </student>
</students>
```

以上 XML 代码中有一个根元素 students,两个子元素 student;子元素 student 里面嵌套了 name、age 两个子元素,其中,name 子元素还定义了一个属性 sid,属性名和属性值使用"="连接。在以上代码中需要注意的是,XML 区分大小写,因此必须保证元素的开始标记和结束标记大小写一致;XML 元素和属性之间使用空格分隔;XML 使用"<!--内容-->"作为注释。

10.3.2　XML 文档的创建

在.NET 中,创建 XML 文档的技术主要有 DOM(Document Object Model,文档对象模型)和 XmlTextWriter,使用比较多的是 DOM 技术。DOM 是把 XML 文档加载到内存中,并转换成一种树状结构,然后再访问或修改树的节点,这种特点使操作更加方便。例如 10.3.1 小节中,学生的数据案例使用树表示的效果如图 10-15 所示。

DOM 树在.NET 中主要通过 XmlDocument 类的对象(文档对象)实现,该类位于 System.Xml 命名空间中。DOM 树上的每个节点对应着 XMLNode 类的对象(节点对象),文档对象指向树的根节点,其他节点对象都是文档对象的子节点对象。因此,在创建、修改、删除、查询 DOM 树的节点对象时,都要先通过 XmlDocument 类的 DocumentElement 属性

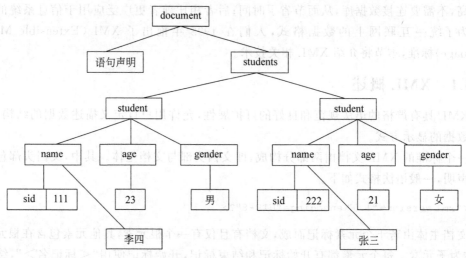

图 10-15 DOM 树的结构

查询到 DOM 树的根节点对象,再通过根对象实现其他的操作。XmlDocument 类常用的属性和方法如表 10-3 和表 10-4 所示。

表 10-3 XmlDocument 类常用的属性

属 性	类 型	描 述
DocumentElement	XmlElement	获取 XML 文档的根元素
ParentNode	XmlNode	获取当前节点的父节点
NodeType	XmlNodeType	获取当前节点的类型

表 10-4 XmlDocument 类常用的方法

方 法	返回值类型	描 述
CloneNode()	XmlNode	用户单击对话框上的"打开"或者"保存"按钮时触发
CreateAttribute()	XmlAttribute	所有属性重置为默认值
CreateComment()	XmlComment	显示对话框
CreateElement()	XmlElement	创建新的元素
CreateNode()	XmlNode	创建新的节点
GetElementById()	XmlElement	获取指定 id 的元素
LoadXml()	void	从指定的字符串中加载 XML 文档
Save()	void	保存 XML 文档
Load()	void	以流等方式加载 XML 文档

【例 10-6】 根据图 10-15 中 DOM 树的结构设计一个窗体应用程序,完成 XML 文件的创建以及保存。窗体的界面设计如图 10-16 所示。该界面使用了 3 个 textBox 控件,分别为 txtNum、txtName、txtAge;4 个 Label 控件,分别设为"学号:""姓名:""年龄""性别";2 个 button 控件,分别为 btnAdd、btnSave;2 个 RadioButton 控件,分别为 rMan、rWoman;1 个 GroupBox 控件。

图 10-16　例 10-6 的设计界面

创建保存 XML 文档的代码如下。

```
using System;
using System.Windows.Forms;
using System.Xml;
namespace XMLDemo
{
    public partial class Form1: Form
    {
        public XmlDocument doc;
        public XmlElement root;
        public Form1()
        {
            InitializeComponent();
        }
        private void btnAdd_Click(object sender, EventArgs e)
        {
            //创建文档对象以及声明语句和根元素
            doc=new XmlDocument();
            XmlDeclaration declare=doc.CreateXmlDeclaration("1.0", "utf-8",
                "yes");
            doc.AppendChild(declare);
            root=doc.CreateElement("students");
            doc.AppendChild(root);
            //添加元素
            XmlElement student=doc.CreateElement("student");
            XmlElement name=doc.CreateElement("name");
            XmlAttribute sid=doc.CreateAttribute("sid");
            sid.Value=txtNum.Text;
            name.Attributes.Append(sid);
            XmlText nametext=doc.CreateTextNode(txtName.Text);
            name.AppendChild(nametext);
            XmlElement age=doc.CreateElement("age");
            XmlText agetext=doc.CreateTextNode(txtAge.Text);
            age.AppendChild(agetext);
```

```
        XmlElement gender=doc.CreateElement("gender");
        string g="";
        if (rMan.Checked)
            g=rMan.Text;
        else
            g=rWoman.Text;
        XmlText gendertext=doc.CreateTextNode(g);
        gender.AppendChild(gendertext);
        student.AppendChild(name);
        student.AppendChild(age);
        student.AppendChild(gender);
        root.AppendChild(student);
    }
    private void btnSave_Click(object sender, EventArgs e)
    {
        try
        {
            if (saveFileDialog1.ShowDialog()==DialogResult.OK)
            {
                string path=saveFileDialog1.FileName;
                doc.Save(path);
                MessageBox.Show("保存成功");
                txtAge.Text="";
                txtName.Text="";
                txtNum.Text="";
            }
        }
        catch (Exception ex)
        {
            MessageBox.Show(ex.Message);
        }
    }
}
```

输入数据后单击"添加"按钮,再单击"保存"按钮,选择保存路径之后完成操作。该程序的运行效果如图 10-17 所示。

图 10-17　例 10-6 的运行效果

10.3.3 XML 文档的查询

.NET 提供了包括 XMLTextReader、Xpath、DOM 等技术读取 XML 文档,其中 XmlTextReader 提供了非缓存、只读的访问方式,Xpath 支持路径查询。本小节主要讲解使用 DOM 技术查询,其他技术请读者参考其他资料学习。

【例 10-7】 使用 10.3.2 小节创建的 XML 文档,通过输入姓名查询该学生的学号等信息。设计一个简单的窗体,使用两个 Label 控件,一个用来提示用户输入姓名,另一个用来显示查询的结果;使用一个 TextBox 控件,用来接收用户输入姓名。

具体代码如下。

```
using System;
using System.Windows.Forms;
using System.Xml;
namespace XMLDemo
{
    public partial class Form2: Form
    {
        public Form2()
        {
            InitializeComponent();
        }
        private void btnSel_Click(object sender, EventArgs e)
        {
            try
            {
                string name=txtSName.Text;
                XmlDocument doc=new XmlDocument();
                doc.Load(@"C:\Users\冲\Desktop\xml.txt");   //读取指定 XML 文档
                XmlNodeList studentlist=doc.GetElementsByTagName("students");
                foreach (var item in studentlist)
                {
                    XmlElement stu=(XmlElement)item;
                    XmlNodeList namelist=stu.GetElementsByTagName("name");
                    foreach (var n in namelist)
                    {
                        XmlElement sname=(XmlElement)n;
                        if (name==sname.InnerText)
                        {
                            string id=sname.Attributes["sid"].Value;
                            string ret=string.Format("id:{0},name:{1}", id,
                                name);
                            lShow.Text=ret;
                            break;
                        }
                        lShow.Text="该学生不存在";
                    }
                }
```

```
            catch(Exception ex)
            {
                MessageBox.Show(ex.Message);
            }
        }
    }
```

该程序首先读取指定的 XML 文档，然后根据标签名查询得到所有的 students，再遍历 students 下的每个 student，查询 student 里面的 name 元素的值等于用户输入的值的内容，最后获取该学生的 id 属性值，显示在 Label 控件上。程序运行效果如图 10-18 所示。

图 10-18　例 10-7 的运行效果

10.3.4　XML 文档的编辑

.NET 提供了 Xpath、DOM、Xquery 3 种技术实现 XML 文档的添加、修改、删除功能，本小节继续以 DOM 为例讲解如何实现 XML 文档的添加、修改、删除。用 CreateElement() 方法新建一个元素，然后给元素的属性和文本赋值，最后附加在父节点上。文档的修改使用 ReplaceChild() 方法，文档的删除使用 RemoveChild() 方法。

【例 10-8】　使用 DOM 完成对 XML 文档的添加、修改、删除功能。

具体代码如下。

```
using System;
using System.Windows.Forms;
using System.Xml;
namespace XMLDemo
{
    public partial class Form3: Form
    {
        public XmlDocument doc;
        public XmlElement root;
        public int cur=1;
        public Form3()
        {
            InitializeComponent();
        }
        public void showStudent(int i)
        {
            XmlNodeList studentlist=root.GetElementsByTagName("student");
```

```csharp
        XmlElement student=(XmlElement)studentlist[i];
        txtID.Text=student.ChildNodes[0].Attributes["sid"].Value;
        txtName.Text=student.ChildNodes[0].InnerText;
        txtAge.Text=student.ChildNodes[1].InnerText;
        txtPhone.Text=student.ChildNodes[2].InnerText;
    }
    public XmlElement createStudent()
    {
        XmlElement student=doc.CreateElement("student");
        XmlElement name=doc.CreateElement("name");
        XmlAttribute sid=doc.CreateAttribute("sid");
        sid.Value=txtID.Text;
        name.Attributes.Append(sid);
        XmlText nametext=doc.CreateTextNode(txtName.Text);
        name.AppendChild(nametext);
        XmlElement age=doc.CreateElement("age");
        XmlText agetext=doc.CreateTextNode(txtAge.Text);
        age.AppendChild(agetext);
        XmlElement phone=doc.CreateElement("phone");
        XmlText phonetext=doc.CreateTextNode(txtPhone.Text);
        phone.AppendChild(phonetext);
        student.AppendChild(name);
        student.AppendChild(age);
        student.AppendChild(phone);
        root.AppendChild(student);
        return student;
    }
    private void btnAdd_Click(object sender, EventArgs e)
    {
        root.AppendChild(createStudent());
    }
    private void btnDelete_Click(object sender, EventArgs e)
    {
        root.RemoveChild(root.ChildNodes[cur-1]);
    }
    private void btnUpdate_Click(object sender, EventArgs e)
    {
        XmlNode newstudent=(XmlNode)createStudent();
        root.ReplaceChild(newstudent, root.ChildNodes[cur-1]);
    }
    private void btnSave_Click(object sender, EventArgs e)
    {
        doc.Save(@"C:\Users\冲\Desktop\xml.txt");
    }
    private void Form3_Load(object sender, EventArgs e)
    {
        doc=new XmlDocument();
        doc.Load(@"C:\Users\冲\Desktop\xml.txt");
```

```
            root=doc.DocumentElement;
            showStudent(0);
        }
    }
}
```

该程序首先读取本地的 XML 文档,显示当前第一元素的值,然后添加元素、更改元素、删除元素,最后保存内容,得到新的 XML 文档。程序运行效果如图 10-19 所示,添加新的元素后保存文件效果如图 10-20 所示。

图 10-19 例 10-8 的运行效果

图 10-20 保存文件的效果

10.4 小结

本章首先讲解了文件与流的基本概念,引用案例分析了文本文件与二进制文件的读/写操作以及对象序列化的读取操作实践;然后介绍了与用户交互的"另存为"对话框、"打开"对话框、"文件夹浏览"对话框、"字体"对话框的基本知识,并用简易写字板的案例加深读者对知识的理解;最后深入讲解了容易扩展的数据格式 XML 的创建、查询、删除、添加的操作。

习题

编写一个 Windows 窗体应用程序,完成创建文件、打开文件、复制文件、追加内容、移动文件、删除文件的功能。

第 11 章 网 络 编 程

随着因特网的普及与发展,目前的很多系统都要涉及网络编程技术的应用,如微信、QQ 邮箱、阿里旺旺、远程控制、网络游戏等。.NET 提供的类已经具备许多功能,降低了网络编程时的难度。

11.1 计算机网络基础

计算机网络是具有独立功能的多个计算机系统,以通信设备和线路相互连接,并配以对应的网络软件实现通信和资源共享的系统。一般来说,计算机网络由计算机、网络操作系统、传输介质、应用软件 4 部分构成。

计算机网络按照距离划分,可以分为局域网、城域网、广域网和互联网。其中,局域网(LAN)一般在 1~2km 以内,通常用在企业内部实现资源的共享;城域网(MAN)一般用来实现一个城市的网络互联;广域网(WAN)一般用来连接不同区域甚至不同国家的计算机;互联网(Internet)为现在全球通用的网络,实现全球范围内的数据共享。

11.1.1 网络协议介绍

不管什么网络,要实现互联就必须遵守一定的规则,保证数据正确地传输,这些规则在计算机网络里称为协议。

OSI 把网络分为 7 层,从底向上分别为物理层、数据链路层、网络层、传输层、会话层、表示层、应用层。其中,物理层是网络通信的数据传输介质,由连接不同节点的电缆与设备共同构成,在这一层被传输数据的格式是比特。数据链路层定义了如何让格式化数据进行传输,以及如何控制对物理介质的访问,这一层通常还提供错误检测和纠正,以确保数据的可靠传输,该层数据以"帧"为单位进行传输。网络层为数据在节点之间传输创建逻辑链路,通过路由选择算法使数据包选择最适当的路径,以及实现拥塞控制、网络互联等功能,该层所用到的协议有网络互联协议 IP(Interne Protocol)、地址解析协议 ARP(Address Resolution Protocol)、反向地址解析协议 RARP(Reverse Address Resolution Protocol)等。传输层向用户提供可靠的端到端服务,处理数据包错误、数据包次序,以及其他一些关键传输问题,该层主要的协议有传输控制协议 TCP(Transmission Control Protocol)、用户数据报协议 UDP(User Datagram Protocol)、实时传输协议 RTP(Real-Time Transport Protocol)。会话层、表示层、应用层一般不做细致划分,统称为应用层,它们主要负责数据的压缩、数据的格式转换以及为软件提供服务。应用层主要的协议有 DHCP、DNS、FTP、HTTP、SMTP、

POP3等。DHCP负责动态主机分配，DNS域名解析协议负责域名到IP地址的转换，FTP文件传输协议负责文件的传输下载，SMTP（简单邮件传输协议）负责邮件的发送，POP3接收电子邮箱的协议。

在互联网上的每台计算机称为主机，计算机之间相互通信需要有一个唯一的地址，该地址称为IP地址。目前，IP地址是一个32位的二进制，为了方便人们记忆，IP地址采用点分十进制表示，把32位的二进制地址分为4组，每组8位，组之间用点号隔开，例如192.168.0.1。

互联网上的每一种资源使用统一资源标识符URI(Uniform Resource Identifier)表示，它包括统一资源定位符URL(Uniform Resource Locator)和统一资源名称URN(Uniform Resource Name)，一般语法格式如下。

[protocol:]//domain[port]/[path]

其中，Protocol为应用层使用的协议；domain为资源的地址，一般是域名，也可以是IP地址；port为端口号；path为资源在服务器上的存储路径。例如http://www.baidu.com。

11.1.2 套接字介绍

套接字(Sockets)最开始只是UNIX系统中最为普通的一个网络编程的接口，它的使命是实现网络上数据的发送与接收。在逐渐的发展中，微软公司也开发了一套基于TCP/IP协议的用于实现网络数据发送与接收的库函数，这就是Windows套接字技术的来源。Windows套接字是加里福尼亚大学伯克利分校的伯克利软件中心(BSD)发布的，这种技术不仅包括了伯克利风格的套接字库函数，而且还提供了对Windows库函数的扩充，以方便程序员在Windows环境下进行编程。

1. 不同类型的套接字

套接字通常分为流式套接字、数据报套接字和原始套接字。流式套接字也称为面向连接的套接字，是基于TCP协议的、可靠的面向连接的一种服务。在这种模式下，流式套接字需要先建立连接，连接成功再进行通信，而且对数据还要进行校验，因此，它能够很安全地完成数据的发送与接收、不会出现数据丢失、数据重复、数据无序等问题。这种套接字适用于对数据安全性较高的情况，如FTP等用来做大量数据的传输等，其工作原理如图11-1所示。首先，服务器开启套接字绑定本地地址并监听一个固定的端口；然后客户端请求连接到服务器，该服务器执行接收操作，接受客户端的连接，当连接创建成功后进行数据的发送与接收，等到数据传输完毕后，服务器端和客户端断开连接并释放资源。

数据报套接字是基于UDP协议的一种服务，UDP协议是一种不安全、不可靠的面向无连接的协议，在数据的发送与接收过程中可能会出现数据丢失、数据重复、数据无序等问题。这种套接字适用于安全性不太高的情况，如实时语音传输等，工作原理如图11-2所示。首先服务器开启套接字绑定本地地址，然后客户端发送连接请求，即开始发送与接收数据，传输完毕即断开连接，释放资源。

原始套接字一般在工程应用中用得比较少，它的主要目的是对新的网络进行测试，如对底层ICMP协议的直接访问等。

2. 两种模式的套接字

在网络通信中经常会出现网络拥挤的状况，主要是由于在网络上一次发送与接收的数

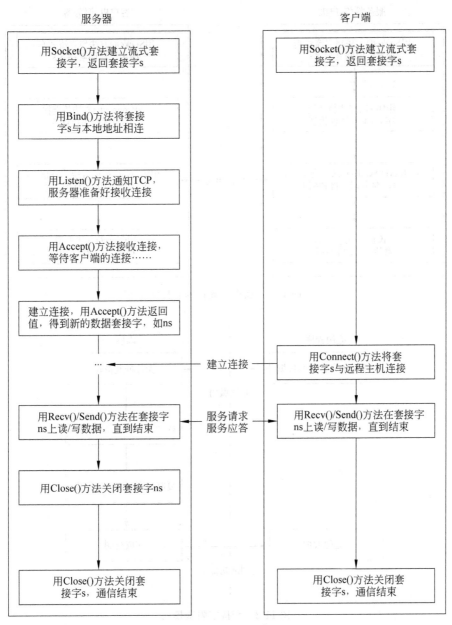

图 11-1 流式套接字

据量过大造成的,这种问题称为阻塞。针对网络阻塞问题,Winsock 提供了两种解决方案:阻塞模式和非阻塞模式。

阻塞模式的工作原理即在 I/O 完成之前一直等待,执行的方法不会立即返回,详细流程如图 11-3 所示。阻塞模式的套接字不管调用 WindowsSocketSAPI 的哪种方法都会产生一个不确定的等待时间。如在调用 Recv()方法时,并不知道内核中数据是否已经复制到用户空间中,如果没有完成复制,则需要一个不确定的等待时间,Recv()方法就一直等待,直到数据完全复制到用户空间,此时 Recv()方法才会返回。

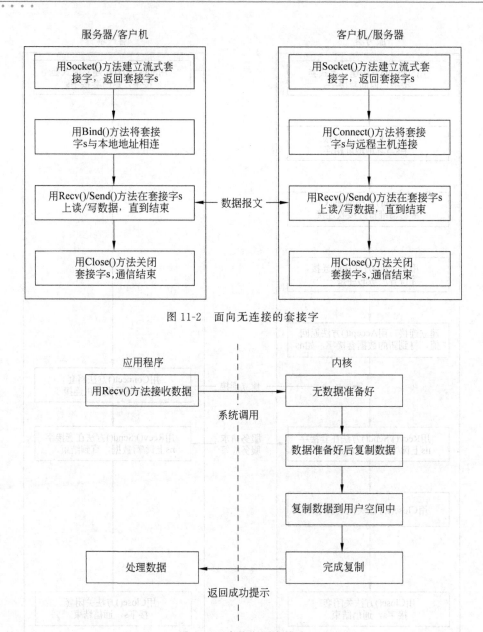

图 11-2　面向无连接的套接字

图 11-3　套接字阻塞模式

非阻塞模式的工作原理不管 I/O 有没有完成,都立即返回,线程继续往下执行,详细流程如图 11-4 所示。非阻塞模式下的套接字在调用 WindowsSocketsAPI Recv()函数时,先查看内核用户空间中的数据是否复制完成,如果没有完成,则返回一个错误提示代码并继续执行,直到用户空间中的数据复制完成返回成功提示,应用程序才会继续往下执行。

使用阻塞模式的套接字开发网络应用程序具有实现容易的优点,当希望立即发送和接收数据,并且在套接字不多的情况下,使用这种模式的优势明显。这种模式下为了解决等待时间的问题,可以为每个套接字分配一个线程进行数据的操作,从而提高系统的执行效率。当然,使用多线程技术需要先学习好才能应用。非阻塞模式套接字使用起来并不是很方便,当用户空间数据没有复制完成时,需要每次对返回的错误提示代码进行处理,增加了系统开发的难度。

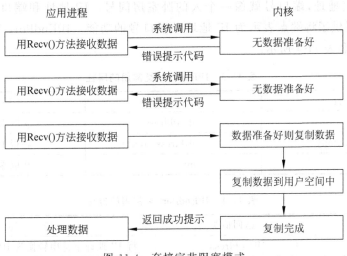

图 11-4　套接字非阻塞模式

11.2　网络编程基础

.NET 在 System.Net 命名空间下提供了各种网络协议编程的接口,它封装了包括 IPAddress、IPEndPort、Dns、WebClient 等多个用于网络通信的类。

11.2.1　常见类概述

1. IPAddress 类

IPAddress 类提供对 IP 地址的处理及转换功能。IPAddress 类常用的属性和方法如表 11-1 和表 11-2 所示。

表 11-1　IPAddress 类常用的属性

属　性	类　型	描　述
Broadcast	IPAddress	提供 IP 广播地址
None	IPAddress	不使用任何网络的 IP 地址
Loopback	IPAddress	提供 IP 回环地址

表 11-2　IPAddress 类常用的方法

方　法	返回值类型	描　述
Parse()	IPAddress	将 IP 地址字符串转换为 IPAddress 对象
GetAddressBytes()	byte[]	将 IPAddress 转换为字节数组
GetHashCode()	int	返回 IP 地址的哈希值

2. IPEndPort 类

在互联网上,TCP/IP 使用 IP 地址和端口号来唯一地标识一个设备与服务,IP 地址就像一个人的家庭地址,端口号就像一个人的卧室房间号。IP 地址和端口号统称为端点。IPEndPort 类提供了将端点表示为 IP 地址和端口号的功能。IPEndPort 类常用的属性和方法如表 11-3 和表 11-4 所示。

表 11-3 IPEndPort 类常用的属性

属 性	类 型	描 述
Address	IPAddress	获取 IP 地址
AddressFamily	AddressFamily	获得 IP 地址族
Port	int	获取端口号

表 11-4 IPEndPort 类常用的方法

方 法	返回值类型	描 述
Create()	IPAddress	将 IP 地址字符串转换为 IPAddress 对象
ToString()	string	返回指定终结点的 IP 地址和端口号
GetHashCode()	int	返回 IP 地址的哈希值

3. Dns 类

Dns 类提供简单的域名解析功能,可把域名地址解析为 IP 地址,也可把 IP 地址解析为域名地址。Dns 类中常用的 GetHostName() 方法可获取主机名,GetHostEntry() 方法可将 IP 地址转换为 IPHostEntry 实例,GetHostAddresses() 方法可获取主机的 IP 地址。

4. WebClient 类

WebClient 类提供用于将数据发送到由 URI 标识的资源及从这样的资源接收数据的常用方法。WebClient 类常用的属性和方法如表 11-5 和表 11-6 所示。

表 11-5 WebClient 类常用的属性

属 性	类 型	描 述
BaseAddress	string	获取或设置 WebClient 基于 URI 发出的请求
Encoding	Encoding	获取和设置用于上传和下载字符串的编码
IsBusy	bool	了解是否存在进行中的 Web 请求

表 11-6 WebClient 类常用的方法

方 法	返回值类型	描 述
DownloadData()	byte[]	从服务器下载数据
DownloadFile()	void	将具有指定 URI 的资源下载到本地文件中
OpenRead()	Stream	用指定 URI 的资源下载的数据打开一个可读的流
OpenWrite()	Stream	打开一个流以将数据写入指定的资源
UploadData()	byte[]	将数据缓冲区上传到由 URI 标识的资源
UploadFile()	byte[]	将指定的本地文件上传到具有指定 URI 的资源

5. 综合应用

【例 11-1】 设计一个窗体应用程序,获取本机信息、输入服务器的信息、创建端点信息、指定 URL 的数据。

具体代码如下。

```
using System;
using System.Windows.Forms;
using System.Net;
namespace socketPro
{
    public partial class Form1: Form
    {
        public Form1()
        {
            InitializeComponent();
        }
        private void btnLocal_Click(object sender, EventArgs e)
        {
            listBox1.Items.Clear();
            string hostName=Dns.GetHostName();
            IPHostEntry myhostIPs=Dns.GetHostEntry(hostName);
            listBox1.Items.Add("本机名:"+hostName);
            listBox1.Items.Add("本机所有 IP 地址:");
            listBox1.Items.AddRange(myhostIPs.AddressList);
        }
        private void btnServer_Click(object sender, EventArgs e)
        {
            listBox1.Items.Clear();
            IPHostEntry serverIps=Dns.GetHostEntry(txtDomain.Text);
            listBox1.Items.Add("服务器名:"+serverIps.HostName);
            listBox1.Items.Add("服务器 IP 地址:");
            listBox1.Items.AddRange(serverIps.AddressList);
        }
        private void btnPort_Click(object sender, EventArgs e)
        {
            listBox1.Items.Clear();
            IPAddress ip=IPAddress.Parse("192.168.0.1");
            IPEndPoint iport=new IPEndPoint(ip, 80);
            listBox1.Items.Add("端点:"+iport.ToString());
        }
        private void btnDown_Click(object sender, EventArgs e)
        {
            WebClient client=new WebClient();
            SaveFileDialog s=new SaveFileDialog();
            if (s.ShowDialog()==DialogResult.OK)
            {
                string fileName=s.FileName;
```

```
            client.DownloadFile(txtDomain.Text, fileName);
        }
    }
}
```

运行该程序,分别单击"本机信息""服务器信息""端点信息""下载"等按钮的效果如图 11-5 所示。

图 11-5 例 11-1 的运行效果

11.2.2　System.Net.Sockets 命名空间中相关类的使用

1. 用 Socket 类编程

Socket 类位于 System.Net.Sockets 命名空间中,主要负责网络文件数据的相互接收及发送,其常用的属性和方法如表 11-7 和表 11-8 所示。

表 11-7　Socket 类常用的属性

属　　性	类　　型	描　　述
AddressFamily	AddressFamily	获取套接字地址族
Connected	bool	确定是否连接上远程资源
LocalEndPoint	EndPoint	获取本地端点
ReceiveBufferSize	int	获取或设置接收信息的缓冲区的大小
SendBufferSize	int	获取或设置发送信息的缓冲区的大小

表 11-8　Socket 类常用的方法

方　　法	返回值类型	描　　述
Accept()	Socket	创建新的连接
Bind()	void	使套接字与本地端点关联
Connect()	void	建立与远程主机的连接
Receive()	int	从绑定的套接字接收数据并存入缓冲区
Send()	int	将数据发送到绑定的套接字中
SendFile()	void	将文件发送到绑定的套接字中

【例 11-2】 设计一个简单的窗体应用程序，根据指定的 URI，用套接字发送请求，并接收返回的信息。

具体代码如下。

```
using System;
using System.Net;
using System.Net.Sockets;
using System.Text;
using System.Windows.Forms;
namespace socketDemo
{
    public partial class Form1: Form
    {
        public Form1()
        {
            InitializeComponent();
        }
        private void btnSend_Click(object sender, EventArgs e)
        {
            string server=txtPah.Text;
            string request="GET / HTTP/1.1\r\nHost:"+server+"\r\nUser-Agent: 
                Mozilla/5.0 (Windows NT 5.1; rv:10.0.2) Gecko/20100101 Firefox/
                10.0.2\r\nAccept-Language: zh-cn,zh;q=0.5\r\nAccept-Encoding: 
                gzip, deflate\r\nConnection:Keep-Alive\r\n\r\n";     //HTTP 协议请求
            IPHostEntry host=Dns.GetHostEntry(server);
            IPAddress ip=host.AddressList[0];
            richTextBox1.Text=GetSocket(request,ip);
        }
        public string GetSocket(string request,IPAddress ip)
        {
            string result="";
            Byte[] messages=Encoding.UTF8.GetBytes(request);
            Byte[] receives=new Byte[1024];
            try
            {
                int port=80;
                IPEndPoint endPoint=new IPEndPoint(ip, port);
                Socket s=new Socket(AddressFamily.InterNetwork, SocketType.
```

```
            Stream, ProtocolType.Tcp);
        s.Connect(endPoint);
        if (s.Connected)
        {
            s.Send(messages, messages.Length, 0);
            result=Encoding.UTF8.GetString(receives, 0,
                s.Receive(receives, receives.Length, 0));
        }
    }
    catch (Exception ex)
    {
        result=ex.Message;
    }
    return result;
}
```

程序的运行效果如图11-6所示。

2. 用 TCP 协议编程

TCP 协议编程需要用到的 TcpListener 类和 TcpClient 类位于 System.Net.Sockets 命名空间中,这两个类封装了 Socket 类进行通信的方法。其中,TcpListener 类用于监听和接收连接请求,TcpClient 类用于连接、发送、接收网络数据。

TcpListener 类常用的属性和方法如表11-9和表11-10所示,TcpClient 类常用的属性和方法如表11-11和表11-12所示。

图 11-6 例 11-2 的运行效果

表 11-9 TcpListener 类常用的属性

属 性	类 型	描 述
Active	bool	是否在监听
Server	Socket	获取套按字
LocalEndpoint	EndPoint	获取当前端点

表 11-10 TcpListener 类常用的方法

方 法	返回值类型	描 述
AcceptSocket()	Socket	接收套接字挂起的请求
AcceptTcpClient()	TcpClient	接收客户端挂起的请求
Start()	void	开始监听
Stop()	void	停止监听
BeginAcceptTcpClient()	IAsyncResult	开启异步操作并接收新的连接
EndAcceptTcpClient()	TcpClient	结束异步操作

表 11-11 TcpClient 类常用的属性

属　性	类　型	描　述
Active	bool	确认是否建立连接
Client	Socket	获取或设置套接字
Connected	bool	确认是否已连接

表 11-12 TcpClient 类常用的方法

方　法	返回值类型	描　述
Connect()	void	连接到服务器
GetStream()	NetworkStream	获取发送及接收数据的网络流
Close()	void	关闭 TCP 连接并释放资源

【例 11-3】 根据以上理论，设计一个简易的聊天软件，包括服务器端和客户端两个独立的应用程序。首先开启服务器端设置端口，监听连接请求；然后开启客户端，设置对应服务器的 IP 地址端口，开启连接请求。建立连接后，即可实现通信。服务器端窗体界面和客户端窗体界面如图 11-7 所示。

(a) 服务器端界面　　　　　　(b) 客户端界面

图 11-7 例 11-3 两个窗体界面

服务器端代码如下。

```
using System;
using System.Net;
using System.Net.Sockets;
using System.Text;
using System.Windows.Forms;
namespace chatServer
{
    public partial class Form1: Form
    {
        public static TcpClient client=null;
        public static NetworkStream stream=null;
        public static TcpListener listen=null;
        public Form1()
        {
            InitializeComponent();
```

207

```csharp
        }
        private void btnSend_Click(object sender, EventArgs e)
        {
            byte[] messages=Encoding.UTF8.GetBytes(rtxtContent.Text);
            stream=client.GetStream();
            stream.Write(messages, 0, messages.Length);
        }
        private void btnRecieve_Click(object sender, EventArgs e)
        {
            byte[] receives=new byte[1024];
            stream=client.GetStream();
            stream.Read(receives, 0, receives.Length);
            string datas=Encoding.UTF8.GetString(receives);
            listBox1.Items.Add("客户端: "+datas);
        }
        private void btnStop_Click(object sender, EventArgs e)
        {
            if (stream!=null)
                stream.Close();
            if (client !=null)
                client.Close();
            if (listen !=null)
                listen.Stop();
        }
        private void btnStart_Click(object sender, EventArgs e)
        {
            //在服务器中监听所有网络
            IPEndPoint iep=new IPEndPoint(IPAddress.Any, int.Parse(txtport.
                Text));
            listen=new TcpListener(iep);
            listen.Start();                          //开启服务器
            listBox1.Items.Add("服务器已开启");
            client=listen.AcceptTcpClient();         //接收客户端连接
            listBox1.Items.Add("客户端已连上");
        }
    }
}
```

客户端代码如下。

```csharp
using System;
using System.Net.Sockets;
using System.Text;
using System.Windows.Forms;
namespace chatClient
{
    public partial class Form1: Form
    {
        public static TcpClient client=null;
        public static NetworkStream stream=null;
        public Form1()
```

```csharp
{
    InitializeComponent();
}
private void btnSend_Click(object sender, EventArgs e)
{
    byte[] messages=Encoding.UTF8.GetBytes(rtxtContent.Text);
    stream=client.GetStream();
    stream.Write(messages, 0, messages.Length);
}
private void btnRecieve_Click(object sender, EventArgs e)
{
    byte[] receives=new byte[1024];
    stream=client.GetStream();
    stream.Read(receives, 0, receives.Length);
    string datas=Encoding.UTF8.GetString(receives);
    listBox1.Items.Add("服务器: "+datas);
}
private void btnStart_Click(object sender, EventArgs e)
{
    string serverIp=txtServerIp.Text;
    int port=int.Parse(txtPort.Text);
    client=new TcpClient(serverIp, port);
}
private void btnStop_Click(object sender, EventArgs e)
{
    if (stream !=null)
        stream.Close();
    if (client !=null)
        client.Close();
}
    }
}
```

运行服务器程序,输入监听端口号 35,单击"开启监听"按钮。然后运行客户端程序,输入本机的 IP 地址 192.168.1.3 作为服务器,端口号为 35,单击"开启"按钮,请求连接到服务器。成功建立连接后,服务器端输入 hello 并单击"发送"按钮;客户端单击"接收"按钮,即可看到服务器发送的内容。客户端输入 hello 并单击"发送"按钮;服务器端单击"接收"按钮,显示客户端发送的内容,即实现了简易的聊天。聊天界面如图 11-8 所示。

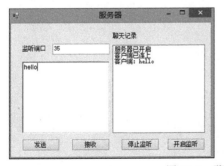

图 11-8 聊天效果

该简易聊天软件利用同步 TCP 编程实现,在数据量不大的情况下可以正常运行,当接收或发送的数据量很大时,利用同步方式就比较困难,会出现阻塞及资源闲置等问题。Socket 类、TCPListener 类及 TCPClient 类都提供了异步的操作方式解决此类问题。异步的操作方式将在第 12 章中详细讲解,这里不再介绍。

3. 用 UDP 协议编程

UDP 协议是不可靠的面向非连接的协议,.NET 在 System.Net.Sockets 命名空间中用 UdpClient 类封装了 UDP 套接字的编程。UdpClient 类常用的属性和方法如表 11-13 和表 11-14 所示。其中,UDP 协议一个重要的用途是可以通过广播和组播实现一对多的通信,广播即向网络中所有的计算机发送消息,组播即向指定的若干台计算机发送消息。

表 11-13　UdpClient 类常用的属性

属性	类型	描述
Active	bool	确认是否建立连接
Client	Socket	获取或设置套接字
EnableBroadcast	bool	确认是否可以接收和发送广播数据包

表 11-14　UdpClient 类常用的方法

方法	返回值类型	描述
Connect()	void	连接到服务器
GetStream()	NetworkStream	获取发送及接收数据的网络流
Close()	void	关闭 TCP 连接,释放资源
Receive()	byte[]	接收数据
Send()	int	发送数据
JoinMulticastGroup()	void	加入组播
DropMulticastGroup()	void	退出组播

【例 11-4】 应用 UDP 协议编写一个 Windows 应用程序,实现组播功能。
广播端代码如下。

```
using System;
using System.Net;
using System.Net.Sockets;
using System.Text;
using System.Windows.Forms;
namespace UdpTest
{
    public partial class Form1: Form
    {
        public Form1()
        {
            InitializeComponent();
        }
        private void btnSend_Click(object sender, EventArgs e)
```

```
        {
            UdpClient client=new UdpClient();
            client.EnableBroadcast=true;
            //组播地址必须为 224.0.0.0~239.255.255.255
            IPEndPoint ip=new IPEndPoint(IPAddress.Parse("225.0.0.1"), 35);
            byte[] sendMessages=Encoding.UTF8.GetBytes(txtContent.Text);
            client.Send(sendMessages, sendMessages.Length, ip);
            txtContent.Clear();            //清空数据
            txtContent.Focus();            //获取鼠标焦点
        }
    }
}
```

接收端代码如下。

```
using System;
using System.Net;
using System.Net.Sockets;
using System.Text;
using System.Windows.Forms;
namespace UdpTest1
{
    public partial class Form1: Form
    {
        delegate void MessagesCallback(string data);         //定义一个委托
        MessagesCallback onMessagesCallback;                 //定义事件
        public UdpClient client;
        public Form1()
        {
            InitializeComponent();
            onMessagesCallback=new MessagesCallback(AddData);    //绑定事件的方法
        }
        public void AddData(string data)
        {
            if (rtxtContent.InvokeRequired)
            {
                this.Invoke(onMessagesCallback, data);            //触发事件
            }
            else
                rtxtContent.AppendText(data);
        }
        private void Form1_Load(object sender, EventArgs e)
        {
            client=new UdpClient(35);
            client.JoinMulticastGroup(IPAddress.Parse("225.0.0.1"));    //加入组播
            client.Ttl=30;
            IPEndPoint server=null;
            while (true)
            {
                byte[] Rmessages=client.Receive(ref server);
                string data=Encoding.UTF8.GetString(Rmessages);
```

```
            AddData(data);
        }
    }
}
```

11.2.3　System.Net.Mail 命名空间中相关类的使用

在当下人们的生活工作中,电子邮件已经不可或缺,本小节主要讲解电子邮件发送与接收的基本方法。

1. 发送邮件

电子邮件一般通过 SMTP(Simple Mail Transfer Protocol,简单邮件传输协议)服务器发送,该协议默认的端口号为 25,它使用用户名和密码的方式进行验证,以避免发送垃圾邮件。在 SMTP 中,电子邮件包括信封、首部和正文。信封包括发信人和收信人的邮件地址,首部包括邮件主题、附件、发邮件时间等,正文是邮件的主体。

System.Net.Mail 命名空间中提供了对邮件处理的类,使邮件的发送和接收变得简单,其中常用的类有 MailAddress、MailMessage、SmtpClient。这三个类常用的属性和方法如表 11-15~表 11-20 所示。

表 11-15　MailAddress 类的常用属性

属性	类型	描述
Address	string	获取邮件地址
Host	string	获取主机
User	string	获取用户名

表 11-16　MailAddress 类的常用方法

方法	返回值类型	描述
MailAddress()	无	创建一个新实例

表 11-17　MailMessage 类的常用属性

属性	类型	描述
Body	string	获取或设置正文
BodyEncoding	Encoding	获取或设置正文编码方式
From	MailAddress	获取或设置发件人信息
Subject	string	获取或设置主题
SubjectEncoding	Encoding	获取或设置主题编码方式

表 11-18　MailMessage 类的常用方法

方法	返回值类型	描述
MailMessage()	无	创建一个新实例
Dispose()	void	释放资源

表 11-19 SmtpClient 类的常用属性

属性	类型	描述
Credentials	ICredentialsByHost	获取或设置验证方式
DeliveryMethod	SmtpDeliveryMethod	获取或设置发送的方式
Host	string	获取或设置主机信息
Port	int	获取或设置端口号
UseDefaultCredentials	bool	获取或设置是否使用默认的验证方式
Timeout	int	获取或设置超时

表 11-20 SmtpClient 类的常用方法

方法	返回值类型	描述
SmtpClient()	无	创建一个新实例
Send()	void	发送邮件信息
Dispose()	void	释放资源

【例 11-5】 通过一个简单发送邮件的例子强化理解发送邮件的方法。设计一个窗体应用程序，给指定邮箱发送邮件。

具体代码如下。

```
using System;
using System.Text;
using System.Windows.Forms;
using System.Net.Mail;
using System.Net;
namespace SendMail
{
    public partial class Form1: Form
    {
        public Form1()
        {
            InitializeComponent();
        }
        private void btnAddAttach_Click(object sender, EventArgs e)
        {
            OpenFileDialog open=new OpenFileDialog();
            if (open.ShowDialog()==DialogResult.OK)
            {
                txtPath.Text=open.FileName;
            }
        }
        private void btnSend_Click(object sender, EventArgs e)
        {
            MailAddress from=new MailAddress(txtSend.Text);        //发件人信息
            MailAddress to=new MailAddress(txtRec.Text);           //收件人信息
            MailMessage messages=new MailMessage(from, to);        //创建信息实例
            messages.SubjectEncoding=Encoding.UTF8;
```

```
messages.Subject=txtSubject.Text;
messages.BodyEncoding=Encoding.UTF8;
messages.Body=rtxtContent.Text;
Attachment attach=new Attachment(txtPath.Text);          //附件
SmtpClient client=new SmtpClient("smtp."+from.Host);
                                                         //创建发送邮件的实例
client.UseDefaultCredentials=false;
//使用用户名和密码方式验证
client.Credentials=new NetworkCredential(from.Address, txtPwd.Text);
//使用网络发送到服务器
client.DeliveryMethod=SmtpDeliveryMethod.Network;
try
{
    client.Send(messages);                               //发送消息
}
catch(Exception ex)
{
    MessageBox.Show(ex.Message);
}
}
}
```

该程序使用的是 QQ 邮箱,QQ 邮箱默认关闭了 STMP 及 POP3 等协议。在使用该程序之前需要打开 QQ 邮箱,在设置功能中单击账号,即可设置开启协议。开启协议后会得到一个授权的验证码,这个验证码就是输入本程序的密码。注意,本程序的密码不是输入 QQ 邮箱的密码,而是开启协议后的授权验证码。发送邮件效果如图 11-9 所示。

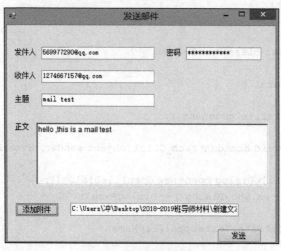

图 11-9 发送邮件效果

2. 接收邮件

接收邮件一般用 POP3(Post Office Protocol-Version 3,邮局协议版本 3)协议,它的默认端口号为 110。当客户端与服务器成功连接后,即可对邮件进行操作。POP3 服务器向客户端发送一个确认消息,该消息由一个状态码和命名组成,其中,状态码为"确定"则命名为

"+OK",状态码为"失败"则命名为"-ERR"。客户端会根据这个消息决定下一步操作,服务器每收到一个客户端的消息都会发送一个状态码判断是否正确。

【例11-6】 设计一个窗体应用程序接收邮件,通过使用POP3和TCP完成邮件的接收。

下面设计一个POP3Help类封装相关的操作,具体代码如下。

```csharp
using System;
using System.Collections.Generic;
using System.Linq;
using System.Text;
using System.Net;
using System.Net.Sockets;
using System.IO;
namespace RecMail
{
    public class POP3Help
    {
        ///<summary>
        ///POP3 服务器名
        ///</summary>
        public string server {get; set;}
        ///<summary>
        ///POP3 服务器端口
        ///</summary>
        public int port {get; set;}
        ///<summary>
        ///用户名
        ///</summary>
        public string account {get; set;}
        ///<summary>
        ///用户密码
        ///</summary>
        public string pwd {get; set;}
        ///<summary>
        ///TcpClient 实例
        ///</summary>
        public TcpClient tserver {get; set;}
        ///<summary>
        ///流对象
        ///</summary>
        public NetworkStream stream {get; set;}
        ///<summary>
        ///流读取对象
        ///</summary>
        public StreamReader read {get; set;}
        ///<summary>
        ///原始数据
        ///</summary>
        public string sourceData {get; set;}
        ///<summary>
```

```csharp
///发送字节数据
///</summary>
public byte[] messages{get;set;}
///<summary>
///换行结束
///</summary>
public string huan="\r\n";
public POP3Help(string server, int port, string user, string pwd)
{
    this.server=server;
    this.port=port;
    this.account=user;
    this.pwd=pwd;
}
///<summary>
///连接服务器
///</summary>
public void Connect()
{
    tserver=new TcpClient(server, port);
    stream=tserver.GetStream();
    read=new StreamReader(stream);
    read.ReadLine();
    sourceData="USER"+this.account+huan;
    messages=Encoding.ASCII.GetBytes(sourceData);
    stream.Write(messages, 0, messages.Length);
    sourceData="Pwd"+this.pwd+huan;
    messages=Encoding.ASCII.GetBytes(sourceData);
    stream.Write(messages, 0, messages.Length);     //验证账号和授权码
}
///<summary>
///获取邮件数量
///</summary>
///<returns></returns>
public int GetMailCount()
{
    sourceData="STAT"+huan;
    messages=Encoding.ASCII.GetBytes(sourceData);
    stream.Write(messages, 0, messages.Length);
    string re=read.ReadLine();
    string[] tokens=re.Split(new char[] {' '});
    return Convert.ToInt32(tokens[1]);
}
///<summary>
///获取指定邮件的内容
///</summary>
///<param name="id"></param>
///<returns></returns>
public string GetMail(int id)
{
    string line, content="";
```

```csharp
            sourceData="RETR"+id+huan;
            messages=Encoding.ASCII.GetBytes(sourceData);
            stream.Write(messages, 0, messages.Length);
            line=read.ReadLine();
            if (line[0] !='-')
            {
                while (line !=".")
                {
                    line=read.ReadLine();
                    content+=line+huan;
                }
            }
            return content;
        }
        ///<summary>
        ///删除指定邮件
        ///</summary>
        ///<param name="id"></param>
        public void DeleteMail(int id)
        {
            sourceData="DELE "+id+huan;
            messages=Encoding.ASCII.GetBytes(sourceData);
            stream.Write(messages, 0, messages.Length);
        }
        ///<summary>
        ///关闭
        ///</summary>
        public void Close()
        {
            sourceData="QUIT"+huan;
            messages=Encoding.ASCII.GetBytes(sourceData);
            stream.Write(messages, 0, messages.Length);
            stream.Close();
            read.Close();
        }
    }
}
```

客户端源代码如下。

```csharp
using System;
using System.Windows.Forms;
namespace RecMail
{
    public partial class Form1: Form
    {
        public POP3Help pop3;
        public Form1()
        {
            InitializeComponent();
        }
```

```csharp
private void btnClose_Click(object sender, EventArgs e)
{
    if (btnClose.Text=="连接服务器")
    {
        btnClose.Text="端口服务器";
        Cursor.Current=Cursors.WaitCursor;
        int index=txtUser.Text.IndexOf('@');
        string server="pop3."+txtUser.Text.Substring(index+1);
        pop3=new POP3Help(server, 110, txtUser.Text, txtPwd.Text);
        pop3.Connect();
    }
    else
    {
        btnClose.Text="连接服务器";
        pop3.Close();
        listBox1.Items.Clear();
        richTextBox1.Clear();
    }
}
private void btnDelete_Click(object sender, EventArgs e)
{
    pop3.DeleteMail(listBox1.SelectedIndex+1);
    pop3.Close();
    pop3.Connect();
    ShowList();
}
private void btnOpen_Click(object sender, EventArgs e)
{
    Cursor.Current=Cursors.WaitCursor;
    richTextBox1.Text=pop3.GetMail(listBox1.SelectedIndex+1);
}
public void ShowList()
{
    int count=pop3.GetMailCount();
    listBox1.Items.Clear();
    if (count>0)
    {
        btnOpen.Enabled=true;
        btnDelete.Enabled=true;
        for (int i=0; i<count; i++)
        {
            listBox1.Items.Add("邮件"+i+1);
        }
    }
    else
    {
        listBox1.Items.Add("没有邮件");
        btnOpen.Enabled=false;
```

```
            btnDelete.Enabled=false;
        }
        listBox1.SelectedIndex=0;
        Cursor.Current=Cursors.Default;
    }
  }
}
```

程序运行结果如图 11-10 所示。

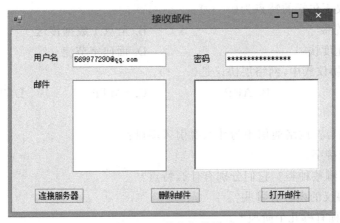

图 11-10　接收邮件界面

11.3　小结

本章首先讲解了计算机网络的基础知识和一些常用的协议,然后讲解了网络编程中常用的类如 TcpClient、MailMessage 等,并使用这些类编写了简易的聊天软件、发送及接收邮件的应用程序。

习题

一、选择题

1. 以下属于 TCP/IP 模型中的选项的是(　　)。
   A. 应用层、表示层、网络层、物理层　　B. 应用层、传输层、链路层、物理层
   C. 应用层、传输层、网络层、链路层　　D. 应用层、传输层、网络层、物理层
2. P2P 的设计架构不包含的选项是(　　)。
   A. 集中式架构　　　　　　　　　　　　B. 完全分布式架构
   C. 点对点架构　　　　　　　　　　　　D. 混合型架构
3. HTTP 协议请求方法不包括的选项是(　　)。
   A. Post　　　　B. Update　　　　C. Get　　　　D. Head

4. FTP 协议的作用不包括（　　）。
   A. 文件共享
   B. 通过应用程序直接或间接使用远程主机
   C. 提供一致性的协议，避免用户在不同主机上有相同的操作方式
   D. 提供可靠及高效率的数据传输
5. SMTP 与 POP3 的端口分别是（　　）。
   A. 25、75　　　　B. 25、110　　　　C. 21、75　　　　D. 21、110
6. TCP 协议不包括的特点为（　　）。
   A. 面向连接　　　　　　　　　　B. 全双工数据传送
   C. 传输速度快　　　　　　　　　D. 面向字节流
7. TCP/IP 协议簇中，网络层协议是（　　）。
   A. TCP　　　　B. ARP　　　　C. SMTP　　　　D. TFTP

二、简答题

1. 什么是端口？网络通信中为什么要引入端口？
2. 什么是套接字？
3. 套接字有哪些种类？它们分别有什么特点？
4. HTTP 协议的内容有哪些？
5. POP3 流程有哪几个阶段？

第 12 章 多线程编程

12.1 线程概述

每个运行的应用程序都是一个进程,一个进程可以包括一个或者多个线程。线程是进程中可以并行执行的程序段,它可以独立占用中央处理器的时间片段,同一个进程中的线程可以共用进程分配的资源和空间。

多线程(Multithreading)是指从软件或者硬件上实现多个线程并发执行的技术。具有多线程能力的计算机因为有硬件支持,所以能够在同一时间执行多于一个的线程,进而提升整体处理性能。具有这种能力的系统包括对称多处理机、多核心处理器以及芯片级多处理器或同时多线程处理器。在一个程序中,这些独立运行的程序片段称为线程,利用它编程的就称为多线程处理。

12.1.1 多线程工作方式

多线程的应用程序可以在同一时间处理多项任务。进程就好像一个家庭,家庭中的每个成员相当于每一个线程,家庭的决策者相当于一个家庭的主线程,用于协调各个成员(线程)之间的资源和运行。

默认情况下,系统为应用程序分配一个主线程,该线程执行程序中以 Main()方法开始和结束的代码段。

【例 12-1】 当新建一个 Windows 应用程序时,程序会在 Program.cs 文件中自动生成一个 Main()方法,该方法就是主线程的入口点。Main()方法的参考代码如下。

```
namespace Win12
{
    static class Program
    {
        ///<summary>
        ///应用程序的主入口点
        ///</summary>
        [Stathread]
        static void Main()
        {
            Application.EnableVisualStyles();
            Application.SetCompatibleTextRenderingDefault(false);
            Application.Run(new Form1());
```

            }
        }
    }

12.1.2 何时使用多线程

多线程就是同时执行多个线程。实际上,处理器每次只会执行一个线程,只不过这个时间很短,一般不会超过几毫秒,因此,执行完一个线程之后,再次选择执行下一个线程的过程几乎不会被察觉。这种几乎不会被察觉地同时执行多个线程的过程就是多线程处理。

一般情况下,需要交互的软件必须尽快地对用户的要求做出反应,以便给用户提供良好的用户体验,但它同时又必须执行必要的计算,以便尽可能快速地将数据呈现给用户,这时就可以用多线程实现功能。

何时使用多线程技术,何时避免使用,是我们需要掌握的重要知识。多线程技术是一把双刃剑,在使用时需要充分考虑它的优缺点。

1. 多线程的优点

多线程处理可以同时运行多个线程。多线程应用程序将程序可以划分成多个独立的任务是它优点的体现,具体总结如下。

(1)多线程技术使程序的响应速度更快,因为用户界面可以在进行其他工作的同时一直处于活动状态。

(2)当前没有处理任务时,可以将处理器时间让给其他任务。

(3)占用大量处理时间的任务可以定期将处理器时间让给其他任务。

(4)可以随时停止任务。

(5)可以分别设置各个任务的优先级以优化性能。

是否需要创建多个线程取决于各种因素。以下情况最适合采用多线程处理:

(1)耗时或大量占用处理器的任务阻塞用户界面操作。

(2)各个任务必须等待外部资源(如远程文件或 Internet 连接)。

2. 多线程的缺点

多线程虽然存在诸多优点,但如果使用不当也会暴露出一些缺点。在多线程编程时需要进行充分的考虑,建议一般情况不要使用过多的线程。如果在程序中使用了过多的线程,可能会产生如下的问题。

(1)等候使用共享资源时造成程序的运行速度变慢。这些共享资源主要是独占性的资源,如打印机等。

(2)对线程进行管理会产生额外的 CPU 开销。线程的使用会给系统带来上下文切换的额外负担。当这种负担超过一定程度时,多线程的不足就会凸显,比如用独立的线程来更新数组内每个元素。

(3)线程的死锁。即较长时间的等待或资源竞争以及死锁等多线程症状。

(4)对公有变量同时读或写。当多个线程需要对公有变量进行读/写操作时,后一个线程往往会修改前一个线程存放的数据,从而使前一个线程的参数被修改。另外,当公用变量的读/写操作是非原子性时,在不同的机器上,中断时间的不确定性会导致数据在一个线程内的操作产生错误,而这种错误是程序员无法预知的。

12.2 线程的基本操作

在 C# 语言中对线程进行操作时,主要用到了系统的 Thread 类,该类位于 System.Threading 命名空间下。通过使用 Thread 类,可以对线程进行创建、暂停、恢复、休眠、终止及设置优先权等操作。

12.2.1 线程的创建与启动

Thread 类位于 System.Threading 命名空间下,System.Threading 命名空间提供可以进行多线程编程的类和接口。

Thread 类主要用于创建并控制线程、设置线程优先级并获取其状态。一个进程可以创建一个或多个线程以执行与该进程关联的部分程序代码,线程执行的程序代码由 ThreadStart 委托或 ParameterizedThreadStart 委托指定。

线程运行期间,不同的时刻会表现出不同的状态,但它总是处于由 ThreadState 定义的一个或多个状态中。用户可以通过使用 ThreadPriority 枚举为线程定义优先级,但不能保证操作系统会接受该优先级。

Thread 类常用的属性如表 12-1 所示。

表 12-1 Thread 类常用的属性

属　性	说　　明
CurrentThread	获取当前正在运行的线程
IsAlive	获取一个值,该值指示当前线程的执行状态
Name	获取或设置线程的名称
Priority	获取或设置一个值,该值指示线程的调度优先级
ThreadState	获取一个值,该值包含当前线程的状态

Thread 类常用的方法如表 12-2 所示。

表 12-2 Thread 类常用的方法

方　法	说　　明
Abort()	在调用此方法的线程上引发 ThreadAbortException,以终止此线程
Join()	阻止调用线程,直到某个线程终止为止
ResetAbort()	取消为当前线程请求的 Abort
Resume()	继续已挂起的线程
Sleep()	使当前线程进行休眠
Start()	使线程被执行
Suspent()	挂起线程。如果线程已经挂起,该方法不起作用

创建一个线程非常简单,只需将其声明,并为其提供线程起始点处的方法委托即可。创

建新的线程时需要使用 Thread 类，Thread 类具有接受一个 ThreadStart 委托或 ParameterizedThreadStart 委托的构造函数，这些委托包括了调用 Start()方法时由新线程调用的方法。创建了 Thread 类的对象之后，线程对象已存在并已配置，但并未创建实际的线程，只有在调用 Start()方法后才会创建实际的线程。

Start()方法用来使线程被执行，它有两种重载方式。

（1）使操作系统将当前实例的状态更改为 ThreadState.Running。

```
public void Start();
```

（2）使操作系统将当前实例的状态更改为 ThreadState.Running，并选择提供包含线程执行的方法要使用的数据对象。

```
public void Start (Object parameter)
```

其中，parameter 表示一个对象，包含线程执行的方法要使用的数据对象。

如果线程已经终止，就无法通过再次调用 Start()方法重新启动。

12.2.2 线程的挂起与恢复

创建完一个线程并启动之后，还可以将其挂起、恢复、休眠或终止。线程的挂起与恢复分别可以通过调用 Thread 类中的 Suspend()方法和 Resume()方法实现。

1. Suspend()方法

该方法用来挂起正在运行的线程。如果线程本身已经被挂起，则该方法不起作用。

```
public void Suspend()
```

调用 Suspend()方法挂起线程时，.NET 允许要挂起的线程再执行几个指令，目的是为了达到.NET 认为线程可以安全挂起的状态。

2. Resume()方法

该方法用来继续运行已经挂起的线程，也称为线程的恢复。

```
public void Resume()
```

通过 Resume()方法恢复被挂起（暂停）的线程时，无论调用了多少次 Suspend()方法，调用 Resume()方法都会使一个线程脱离挂起状态继续执行。

【例 12-2】 创建一个控制台应用程序，其中通过创建 Thread 类的对象创建一个新的线程，然后调用 Start()方法启动该线程，之后先后调用 Suspend()方法和 Resume()方法挂起与恢复创建的线程，参考代码如下。

```
namespace Code12_2
{
    class Program
    {
        static void Main(string[] args)
        {
            Thread thread;
            //用线程起始点的 Threadstart 委托创建该线程的实例
            thread=new Thread(new ThreadStart(ThreadFunctioin));
```

```
            thread.Start();
            if (thread.ThreadState==ThreadState.Running)
            {
                thread.Suspend();
                thread.Resume();
            }
            Console.ReadKey();
        }
        public static void ThreadFunctioin()
        {
            Console.WriteLine("创建一个新的子线程,然后被挂起");
        }
    }
}
```

12.2.3 线程休眠

线程休眠主要通过 Thread 类的 Sleep() 方法实现,它有两种重载方式。

1. 重载方式一

`public static void Sleep(int millisecondsTimeout);`

其中,millisecondsTimeout 表示线程被阻塞的毫秒数,值为 0 时表示应挂起此线程以使其他等待线程能够执行;值为 System.Threading.Timeout.Infinite 时表示无限期阻止线程。

2. 重载方式二

`public static void Sleep(TimeSpan timeout);`

其中,timeout 设置为线程被阻塞的时间量 System.TimeSpan,值为 0 时表示应挂起此线程以使其他等待线程能够执行;值为 System.Threading.Timeout.Infinite 时表示无限期阻止线程。

例如,如果让当前的线程休眠 5 秒后再执行,可以使用 Thread 类的 Sleep() 方法实现,参考代码如下。

`Thread.Sleep(5000);          //线程休眠 5000 毫秒,即 5 秒`

12.2.4 线程终止

终止正在进行的线程分别使用 Thread 类中的 Abort() 方法和 Join() 方法实现。

1. Abort() 方法

Abort() 方法用来终止线程,它有两种重载形式。

(1) 终止线程,在调用此方法的线程上会引发 ThreadAbortException 异常。例如:

`public void Abort();`

(2) 终止线程,在调用此方法的线程上会引发 ThreadAobrtException 异常,并提供有关线程终止的异常信息。例如:

`public void Abort(Object stateInfo);`

其中,stateInfo 表示一个对象,包含应用程序的特定信息(比如状态等),该信息可供正被终止的线程使用。

【例 12-3】 创建一个控制台应用程序,在其中开始了一个线程,然后调用 Thread 类中的 Abort()方法终止该线程,参考代码如下。

```
static void Main(string[] args)
{
    Thread t;            //定义线程
    //实例化一个线程对象
    t=new Thread(new ThreadStart(ThreadFunction));
    t.Start();           //启动线程
    t.Abort();           //终止线程
}
///<summary>
///用于线程的方法
///</summary>
static void ThreadFunction()
{
    //线程输出信息
    Console.Write("创建线程,然后将其终止");
    Console.ReadKey();
}
```

由于使用 Abort()方法永久性地终止了该线程,所以运行以上代码,在控制台窗口并未看到实际输出的信息。

2. Join()方法

Join()方法用来阻止调用线程,它有三种重载形式,都会在继续执行标准的 COM 和 SendMessage 消息处理期间阻塞调用线程,直到某个线程终止。后两种重载形式经过了指定时间也会终止线程。

(1) 形式一

```
public void Join();
```

(2) 形式二

```
publicbool Join(int millisecondsTimeout);
```

其中,millisecondsTimeout 的值为负且不等于 System.Threading.Timeout.Infinite(以毫秒为单位)。

(3) 形式三

```
public bool Join(TimeSpan timeout);
```

其中,Timeout 设置为等待线程终止的时间量的 System.TimeSpan。

【例 12-4】 创建一个控制台应用程序,在其中开始了一个线程,然后调用 Thread 类中的 Join()方法终止线程,参考代码如下。

```
static void Main(string[] args)
{
```

```
        Thread t;           //定义线程
        //实例化一个线程对象
        t=new Thread(new ThreadStart(ThreadFunction));
        t.Start();          //启动线程
        t.Abort();          //终止线程
    }
    ///<summary>
    ///用于线程的方法
    ///</summary>
    static void ThreadFunction()
    {
        //线程输出信息
        Console.Write("创建线程,然后将其终止");
        Console.ReadKey();
    }
```

如果在应用程序中使用了多线程,辅助线程还没有执行完毕,在关闭窗体时必须关闭辅助线程,否则会引发异常。

12.2.5 线程的优先级

操作系统根据优先级来调度线程,优先级最高的线程总是最先得到 CPU 运行时间。线程如果处于等待状态,如响应休眠指令、等待磁盘 I/O 操作完成、等待网络包的到达等,就会停止运行并释放 CPU。如果主线程不主动释放 CPU,线程调度器就会抢占主线程。如果线程优先级相同的多个线程等待使用 CPU,线程调度器就会使用一个循环调度规则,将 CPU 逐个交给线程使用。

当进程中存在多个线程时,给线程指定优先级可以影响调度顺序。需要注意的是,指定较高优先级的线程可能会降低其他线程的运行概率。

一个线程的优先级不影响该线程的状态,该线程的状态在操作系统调度该线程之前必须为 Runing 状态。

开发人员可以通过访问现成的 Prority 属性获取和设置其优先级。C#中线程的优先级值及说明如表 12-3 所示。

表 12-3 线程的优先级值及说明

优先级值	说　　明
AboveNormal	可以将 Thread 安排在具有 Highest 优先级的线程之后,以及在具有 Normal 优先级的线程之前
BelowNormal	可以将 Thread 安排在具有 Normal 优先级的线程之后,以及在具有 Lowest 优先级的线程之前
Highest	可以将 Thread 安排在具有任何其他优先级的线程之前
Lowest	可以将 Thread 安排在具有任何其他优先级的线程之后
Normal	可以将 Thread 安排在具有 AboveNormal 优先级的线程之后,以及在具有 BelowNormal 优先级的线程之前。默认情况下,线程具有 Normal 优先级

12.3 线程同步

在单线程程序中每次只能做一件事,后面的事情需要等待前面的事情完成后才能进行。但是如果使用多线程程序,就会发生两个线程抢占资源的问题,例如两个人同时说话,两个人同时过一个独木桥等。所以在多线程编程中,需要防止资源访问的冲突,为此,C#提供了线程同步机制。

线程同步机制是指并发线程高效、有序地访问共享资源所采用的技术。所谓同步是指某一时刻只有一个线程可以访问资源,只有当资源所有者主动放弃了代码或资源的所有权时,其他线程才可以使用这些资源。线程同步技术主要用到 lock 关键字、Monitor 类。

12.3.1 lock 关键字

lock 关键字可以用来确保代码块完成运行,而不会被其他线程中断。它是通过在代码块运行期间让特定对象获取互斥锁实现的。

lock 语句以关键字 lock 开头。它有一个作为参数的对象,在该参数的后面还有一个一次只能有一个线程执行的代码块。lock 语句的语法格式示例如下。

```
Object thislock=new Object();
lock (thislock)
{
    //要运行的代码块
}
```

提供给 lock 语句的参数必须为基于引用类型的对象,该对象用来定义锁的范围。严格来说,提供给 lock 语句的参数只是用来唯一标识多个线程共享的资源,所以它可以是任意的类实例。实际上,此参数通常表示需要进行线程同步的资源。

【例 12-5】 创建一个控制台应用程序,在其中定义一个公共资源类 Account,该类主要用来对一个账户进行转账操作,每次转入 800 元,然后在主函数 Main()方法中创建 Account 对象,并同时启动 5 个线程访问 Account 类的转账方法,以便测试同时向同一个账户进行转账的操作。参考代码如下。

```
class Program
{
    static void Main(string[] args)
    {
        Account account=new Account();
        for (int i=0; i<3; i++)
        {
            Thread thread=new Thread(account.Add);
            thread.Start();
        }
        Console.ReadKey();
```

    }
}
class Account
{
    int j=0;
    public void Add()
    {
        lock (this)
        {
            Console.WriteLine("账户余额为: "+j.ToString());
            j+=800;
            Console.WriteLine("转账后的余额为: "+j.ToString());
            Thread.Sleep(1000);
        }
    }
}
```

程序运行结果如图 12-1 所示。

图 12-1　例 12-5 的运行结果

## 12.3.2　线程监视器——Monitor 类

Monitor 类提供了同步的对象访问机制,它通过向单个线程授予对象锁来控制对对象的访问,对象锁提供限制访问代码块(通常称为临界区)的能力。当一个线程拥有对象锁时,其他任何线程都不能获取该锁。

Monitor 类常用的方法如表 12-4 所示。

表 12-4　Monitor 类常用的方法

| 方法 | 说　　明 |
| --- | --- |
| Enter() | 在指定对象上获取排他锁 |
| Exit() | 释放指定对象上的排他锁 |
| Wait() | 释放对象上的锁并阻止当前线程,直到它重新获取该锁 |

【例 12-6】 创建一个控制台应用程序,在其中定义一个公共资源类 ClassMonitor,在该类中定义一个线程的方法 Add(),在该方法中使用 Monitor.Enter()方法开始同步,并使用 monitor.Exit()方法退出同步。然后在 Main()方法中创建 ClassMonitor 对象,并同时启动 3 个线程访问 Add()方法。参考代码如下:
```

```
class Program
{
    static void Main(string[] args)
    {
        ClassMonitor cm=new ClassMonitor();
        for (int i=0; i<3; i++)
        {
            Thread thread=new Thread(cm.Add);
            thread.Start();
        }
        Console.ReadKey();
    }
}
class ClassMonitor
{
    object entity=new object();
    int j=0;
    public void Add()
    {
        Monitor.Enter(entity);
        Console.WriteLine("j 的初始值为: "+j.ToString());
        Thread.Sleep(1000);
        j++;
        Console.WriteLine("j 在修改后的值为: "+j.ToString());
        Monitor.Exit(entity);
    }
}
```

程序运行结果如图 12-2 所示。

图 12-2 例 12-6 的运行结果

12.3.3 子线程访问主线程的控件

在开发具有线程的应用程序时,有时会通过多线程实现 Windows 窗体应用程序,以及控件的相关操作。比如做数学运算时,为了使用户可以更好地观察计算的过程和进度情况,可以在指定的 Windows 窗体上显示一个进度条,为了避免运算与显示进度条的同时进行所带来的界面假死的情况,可以用子线程完成文件复制与进度条显示的效果。

【例 12-7】 新建一个 Windows 窗体应用程序,计算 0 到指定值的累加,并显示计算过程,界面效果如图 12-3 所示。

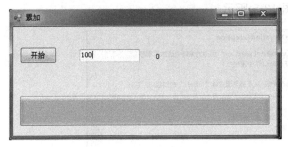

图 12-3　累加数字程序界面

参考代码如下。

```
private void button1_Click(object sender, EventArgs e)
{
    Add();
}
void Add() {
    int count=int.Parse(textBox1.Text);
    progressBar1.Value=0;
    progressBar1.Maximum=count;
    int sum=0;
    for (int i=0; i<count; i++)
    {
        sum+=i;
        label1.Text=sum.ToString();
        progressBar1.Value=i;
        Thread.Sleep(500);
    }
}
```

例 12-7 的运行结果如图 12-4 所示，此时没有使用多线程，界面出现了假死现象。

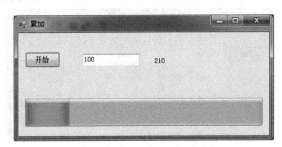

图 12-4　界面出现了假死现象

为了解决假死现象，在程序中引入多线程机制。修改 button1_Click 事件中的代码。

```
private void button1_Click(object sender, EventArgs e)
{
    Thread thread=new Thread(Add);
    thread.Start();
}
```

运行程序,系统出现异常,如图12-5所示。

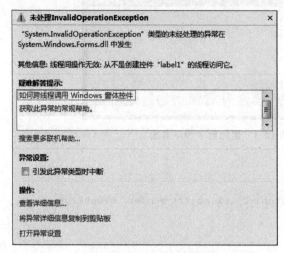

图12-5 子线程访问主线程控件出现异常

可用以下几种方式解决子线程访问主线程控件出现的异常。
(1) 使用Control.CheckForIllegalCrossThreadCalls属性;
(2) 使用代理;
(3) 定义委托。

本节采用最简单、方便的第1种方式实现。修改Page_Load事件的代码,然后再运行上面的程序,运行结果如图12-6所示。

```
private void Form1_Load(object sender, EventArgs e)
{
    Control.CheckForIllegalCrossThreadCalls=false;
}
```

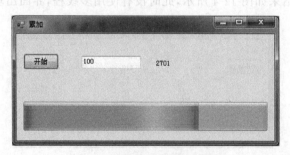

图12-6 跨线程访问控件效果

12.4 线程池

12.4.1 线程池管理

线程池是一种多线程处理技术。在面向对象编程中,可以创建多个线程用于完成不同的任务,每个加入线程池队列中的线程自动成为后台线程,并按默认的优先级循环调度执行。线程池技术主要解决处理器单元内多个线程执行的问题,它可以显著减少处理器单元的闲置时间,提高程序的性能。

线程池由 ThreadPool 类管理。这个类会在需要时增减池中线程的个数,直到遇到最大的线程数为止。可以指定在创建线程池时应立即启动的最小线程数,以及线程池中可用的最大线程数。如果有更多的工作,但是线程池中线程的使用已经达到了极限,最新的工作就要排队,等待线程完成其他任务。

【例 12-8】 用线程池实现 x 的 8 次方和 x 的 8 次方根的运算。参考代码如下。

```
namespace Code12_8
{
    class Program
    {
        //存放要计算数值的字段
        static double number1=-1;
        static double number2=-1;
        static void Main(string[] args)
        {
            //获取线程池的最大线程数和维护最小空闲线程数
            int maxThreadNum, portThreadNum;
            int minThreadNum;
            ThreadPool.GetMaxThreads(out maxThreadNum, out portThreadNum);
            ThreadPool.GetMinThreads(out minThreadNum, out portThreadNum);
            Console.WriteLine("最大线程数:{0}", maxThreadNum);
            Console.WriteLine("最小线程数:{0}", minThreadNum);
            int x=15600;
            //启动第一个任务:计算 x 的 8 次方
            ThreadPool.QueueUserWorkItem(new WaitCallback(TaskProc1), x);
            //启动第二个任务:计算 x 的 8 次方根
            ThreadPool.QueueUserWorkItem(new WaitCallback(TaskProc2), x);
            while(number1==-1 || number2==-1) ;                         //等待
            Console.WriteLine("y({0})={1}", x, number1+number2);        //打印结果
            Console.ReadKey();
        }
        //第一个任务,完成 x 的 8 次方运算
        static void TaskProc1(object obj)
        {
            number1=Math.Pow(Convert.ToDouble(obj), 8);
        }
        //第二个任务,完成 x 的 8 次方根运算
        static void TaskProc2(object obj)
        {
            number2=Math.Pow(Convert.ToDouble(obj), 1.0/8.0);
        }
    }
}
```

通过 QueueUserWorkItem() 方法传送一个 WaitCallback 类的委托,把方法 TaskProc1()

和TaskProc2()加入线程池队列中。线程池收到这个请求后,会从池中依次启动各个线程,主线程等待线程池中所有线程执行结束后打印输出结果。程序运行结果如图12-7所示。

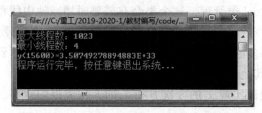

图12-7　例12-8线程池的运行效果

12.4.2　ThreadPool类的几个关键方法

(1) QueueUserWorkltem()方法:将方法排入队列以便执行。此方法在线程池中有线程变得可用时执行。

(2) GetMaxThread()方法:检索可以同时处于活动状态的线程池请求的数目。所有大于此数目的请求将保持排队状态,直到线程池线程变为可用为止。

(3) GetMinThread()方法:检索线程池在新请求预测中维护的空闲线程数。

(4) SetMaxThreads()方法:设置可以同时处于活动状态的线程池的请求数目。所有大于此数目的请求将保持排队状态,直到线程池线程变为可用为止。

(5) SetMinThreads()方法:设置线程池在新请求预测中维护的空闲线程数。

12.4.3　线程池使用限制

线程池使用虽然简单,但还要注意以下几点。

(1) 线程池中的所有线程都是后台线程。如果进程的所有前台线程结束了,所有的后台线程就会停止。不能把入池的线程改为前台线程。

(2) 入池的线程不能设置优先级或名称。

(3) 对于COM对象,入池的所有线程都是多线程单元(Mutil-Threaded Apartment,MTA)线程。许多COM对象都需要单线程单元(Single-Threaded Apartment,STA)线程。

(4) 入池的线程只能用于时间较短的任务。如果线程要一直运行,就应使用Thread类创建一个线程。

12.5　定时器

.NET中的Timer类表示定时器,用来提供以指定的时间间隔执行方法的机制。使用TimerCallback()方法委托指定希望Timer类执行的方法。定时器委托在构造计时器时指定,并且不能更改。此方法不在创建计时器的线程上执行,而是在系统提供的ThreadPool类线程上执行。

创建定时器时,可以指定在第一次执行方法之前等待的时间量(截止时间),以及此后的执行期间等待的时间量（时间周期）。创建定时器时，需要使用 Timer 类的构造函数，有 5 种形式，分别如下：

```
public Timer(TimerCallback callback);
public Timer(TimerCallback callback, object state, int dueTime, int period);
public Timer(TimerCallback callback, object state, long dueTime, long period);
public Timer(TimerCallback callback, object state, TimeSpan dueTime, TimeSpan
    period);
public Timer(TimerCallback callback, object state, uint dueTime, uint period);
```

其中，
- callback：一个 System.Threading.TimerCallback 委托，表示要执行的方法。
- state：一个包含回调方法要使用的信息对象，或者为 null。
- dueTime：调用 callback 之前延迟的时间量（以毫秒为单位），值为 System.Threading.Timeout.Infinite 表示可防止启动计时器，值为 0 表示可立即启动计时器。
- period：调用 callback 的时间间隔（以毫秒为单位），值为 System.Threading.Timeout.Infinite 表示可以禁用定期终止。

Timer 类最常用的方法有两个，一个是 Change()方法，用来更改计时器的启动时间和方法调用间的间隔；另外一个是 Dispose()方法，用来释放由 Timer 类对象使用的所有资源。

例如，下面的代码初始化一个 Timer 类定时器，然后用 Change()方法将定时器的时间间隔设置为 500 毫秒，停止计时 10 毫秒后生效。

```
Timer stateTime=new Timer(tcb, autoEvent, 1000, 250);
stateTime.Change(10, 500);
```

其中，tcb 表示 TimerCallback 代理对象；autoEvent 用来作为一个对象传递给要调用的方法；1000 表示延迟时间，单位为毫秒；250 表示定时器的初始时间间隔，单位也是毫秒。

12.6 互斥对象——Mutex 类

Mutex 类是.NET 框架中提供的跨进程访问的一个类。与 Monitor 类类似，某个时刻只有一个线程能够获得互斥信号并访问互斥受保护的同步代码区域。例如，创建名为 MyMutex 的互斥对象，如果 MyMutex 是第一次创建，则输出参数 bitnew＝true；如果已经在另一个进程中定义，则返回为 false。

```
bool bitNew;
Mutex mutex=new Mutex(false, "MyMutex", out bitNew);
```

操作系统可以识别有名称的互斥信号，名称相同的互斥信号可以在不同的进程之间共享。如果没有给互斥信号指定名称，互斥信号就是未命名的，也就不可以在不同的进程之间共享。

可以使用 Mutex.OpenExisting()方法打开已有的互斥信号。由于 Mutex 类从

WaitHandle 基类派生,因此,可以利用 WaitOne()方法获得互斥锁定。调用 ReleaseMutex()方法可以释放互斥锁定。

```
if (mutex.WaitOne())
{
    try
    {
        ;         //同步代码段
    }
    finally
    {
        mutex.ReleaseMutex();
    }
}
else
{
    ;         //如果等待失败
}
```

【例 12-9】 通过检查同名的互斥信号,避免应用程序启动两次。下面的代码调用了 Mutex 类的构造函数,验证名称为 MyMutex 的互斥锁定是否存在,如果存在,应用程序退出。

```
static class Program
{
    ///<summary>
    ///应用程序的主入口点
    ///</summary>
    [Stathread]
    static void Main()
    {
        bool bitNew;
        Mutex mutex=new Mutex(false, "MyMutex", out bitNew);
        if (!bitNew)
        {
            MessageBox.Show("应用程序已经启动!");
            Application.Exit();
            return;
        }
        Application.EnableVisualStyles();
        Application.SetCompatibleTextRenderingDefault(false);
        Application.Run(new Form1());
    }
}
```

12.7 小结

本章首先对线程和多线程的概念进行了介绍,然后详细讲解了如何使用 System.Threading 命名空间编写多线程应用程序。在应用程序中使用多线程,应做好规划。多线程可以提高程序的执行效率,但是,太多的线程会导致资源竞争和死锁。通过本章的学习,读者应该熟练掌握使用 C♯ 进行多线程编程的基本知识,并能够在实际开发多线程应用程序中灵活运用,以解决各种多任务的问题。

习题

1. 简述多线程的优缺点。
2. 线程的基本操作有哪些?分别用哪些方法来实现?
3. 线程的优先级分为哪几种?分别简述各个优先级的意义。
4. 简述 lock 关键字的作用。
5. 实现子线程访问主线程控件有哪几种方法?任选一种并举例说明。

第 13 章 综合实例——"外星人入侵"游戏

13.1 需求分析

13.1.1 游戏概述

"外星人入侵"游戏是一款简单的单机游戏,外星人入侵地球,玩家的任务就是控制战斗机消灭所有外星人。游戏开始,系统会自动生成外星人、战斗机、阻挡物等。外星人会随着时间的推移向右、向左、向下自动移动;战斗机可以按空格键发射子弹,并可以使用方向键向左、向右、向上、向下移动。当子弹击中外星人时,外星人消失(被消灭);当子弹击中阻挡物3次,阻挡物消失。当玩家消灭所有外星人,则玩家获得胜利;当外星人碰撞到战斗机或外星人到达屏幕底部,则玩家失败。

13.1.2 功能描述

(1) 生成外星人。游戏启动后系统自动生成外星人,外星人在屏幕最上端。

(2) 外星人移动。随着时间的推移,外星人可以有规律地往下移动,逐渐靠近战斗机,战斗机与外星人相撞游戏结束。

(3) 生成阻挡物。游戏启动后系统自动在战斗机和外星人之间生成阻挡物。

(4) 生成战斗机。游戏启动后系统自动生成战斗机,战斗机在主屏幕最下方。

(5) 发射子弹。使用键盘方向键控制战斗机自由移动,并用空格键进行子弹的发射。当子弹打中外星人后,外星人消失。

(6) 发射子弹和击中的音效。发射子弹、子弹击中阻挡物、子弹击中外星人等有不同的音效。

13.2 系统设计

13.2.1 开发环境

- 系统开发平台:Microsoft Visual Studio 2013
- 系统开发语言:C#
- 运行环境:Microsoft .NET Framework SDK v4.5
- 运行平台:Windows 7(SPI)/Windows 8 /Windows 8.1/Windows 10

13.2.2 功能层次图

系统功能层次如图 13-1 所示。

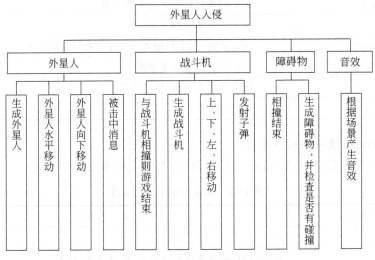

图 13-1 "外星人入侵"游戏功能层次

13.2.3 类设计

根据需求设计出了 8 个类，具体详情如下。

1. AlienWraper 类——基类

AlienWraper 类是所有类的基类，该类的成员如表 13-1 所示。

表 13-1 AlienWraper 类的成员

成员名称	说　明
字　段	
isAlive	当前对象是否活着，false 表示死了，true 表示活着
alien	用户控件游戏中的任意对象
属　性	
IsAlive	当前对象是否活着，false 表示死了，true 表示活着
Location	对象的坐标
Size	对象的大小
方　法	
AlienWraper()	构造函数，用于初始化对象
CheckCollision()	检查对象是否发生碰撞
CreateAlien()	创建外星人对象
CreateRect()	创建对象的矩形区域
SetObjectLocation()	设置对象坐标

2. TentWraper 类——障碍物类

TentWraper 类是 AlienWraper 类的子类，该类的成员如表 13-2 所示。

表 13-2　TentWraper 类的成员

成员名称	说明
字　段	
hitedCount	记录障碍物被子弹击中的次数
方　法	
TentWraper()	构造函数,用于初始化对象并设置对象的大小
CheckCollision()	检查对象是否发生碰撞
CreateAlien()	创建外星人对象(用户控件)
Hited()	障碍物被击中 3 次后消失

3. ShipWraper 类——战斗机类

ShipWraper 类是 AlienWraper 类的子类,该类的成员如表 13-3 所示。

表 13-3　ShipWraper 类的成员

成员名称	说明
字　段	
speed	设置战斗机的移动速度,默认为 10 像素
方　法	
ShipWraper()	构造函数,用于初始化对象并设置对象的大小和位置
CreateAlien()	创建外星人对象(用户控件)
GoUp()	向上移动
GoDown()	向下移动
GoLeft()	向左移动
GoRight()	向右移动

4. BulletWraper 类——子弹类

BulletWraper 类是 AlienWraper 类的子类,该类的成员如表 13-4 所示。

表 13-4　BulletWraper 类的成员

成员名称	说明
字　段	
speed	设置子弹的移动速度,默认为 30 像素
方　法	
BulletWraper()	构造函数,用于初始化对象并设置对象的大小和位置
CreateAlien()	创建子弹对象(用户控件)
GoUp()	子弹向上移动。如果子弹飞出战斗区域外,则子弹消失

5. SpriteWraper 类——外星人父类

SpriteWraper 类是 AlienWraper 类的子类,是所有外星人的父类,该类的成员如表 13-5 所示。

表 13-5 SpriteWraper 类的成员

成员名称	说 明
字 段	
locationSpeed	位置偏移速度
rotateSpeed	旋转速度
属 性	
Angle	保存外星人的当前角度
方 法	
SpriteWraper()	构造函数,同时构造基类
CreateAlien()	创建子弹对象(用户控件)
Rotate()	使外星人的旋转角度按照 RotateSpeed 字段变化
Move()	外星人左右移动,改变位置
Down()	外星人向下移动,改变位置

6. GreenAlienWraper 类——绿色外星人类

GreenAlienWraper 类是 SpriteWraper 类的子类,该类的成员如表 13-6 所示。

表 13-6 GreenAlienWraper 类的成员

成员名称	方 法
GreenAlienWraper()	构造函数,同时构造基类并初始化外星人的大小
CreateAlien()	创建外星人对象(用户控件)
Rotate()	使外星人的旋转角度发生变化

7. RedAlienWraper 类——红色外星人类

RedAlienWraper 类是 SpriteWraper 类的子类,该类的成员如表 13-7 所示。

表 13-7 RedAlienWraper 类的成员

成员名称	方 法
RedAlienWraper()	构造函数,用于构造基类并初始化外星人的大小
CreateAlien()	创建外星人对象(用户控件)
Rotate()	使外星人的旋转角度发生变化

8. BlueAlienWraper 类——蓝色外星人类

BlueAlienWraper 类是 SpriteWraper 类的子类,该类的成员如表 13-8 所示。

表 13-8 BlueAlienWraper 类的成员

成员名称	方 法
BlueAlienWraper()	构造函数,构造基类并初始化外星人的大小
CreateAlien()	创建外星人对象(用户控件)
Rotate()	使外星人的旋转角度发生变化

根据以上描述,设计游戏类如图 13-2 所示。

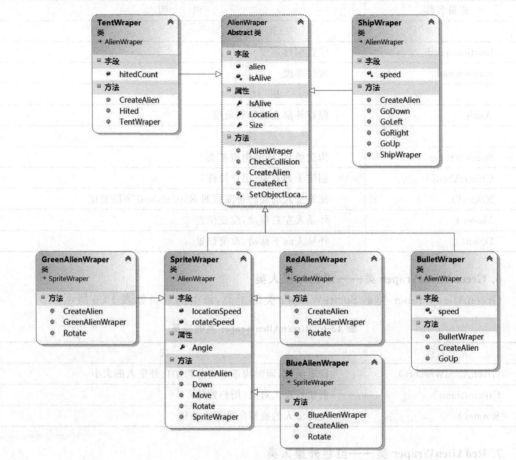

图 13-2　设计游戏类

13.2.4　界面设计

游戏主界面的设计如图 13-3 所示。

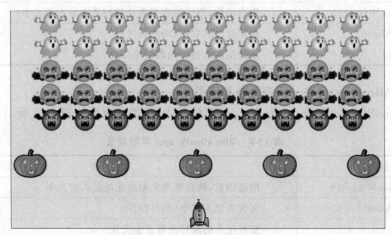

图 13-3　游戏主界面的设计

13.3 编码实现

13.3.1 新建项目

（1）打开 Visual Studio 2013，选择"新建项目"命令，在"新建项目"对话框中选择"Windows 窗体应用程序"，如图 13-4 所示。

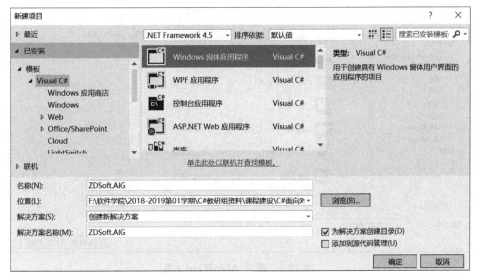

图 13-4 "新建项目"对话框

（2）右击 ZDSoft.AIG 项目下的"引用"，选择"添加引用"命令，在"引用管理器"对话框中选择"程序集"中的"框架"，再选中 System.Drawing，如图 13-5 所示。

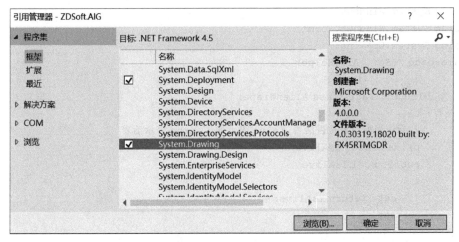

图 13-5 添加引用

13.3.2 添加类

（1）右击 ZDSoft.AIG 项目，选择"添加新建文件夹"命令，将文件夹命名为 Helper。

（2）右击 Helper 文件夹，选择"添加新建项"命令，在"添加新项"对话框中选择"类"，"名称"设置为 AlienWraper，如图 13-6 所示。

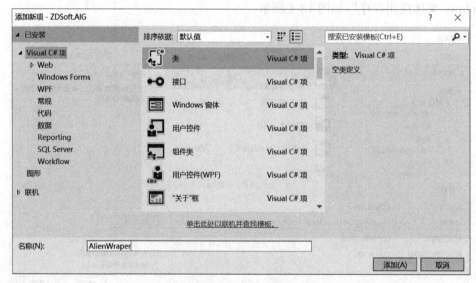

图 13-6　新建 AlienWraper 类

（3）在 AlienWraper 类中添加如下代码。

```
using System;
using System.Net;
using System.Windows;
using System.Windows.Forms;
using System.Drawing;
namespace ZDSoft.AIG.Helper
{
    public abstract class AlienWraper
    {
        //标识当前对象是否活着,false 表示死了,true 表示活着
        private bool isAlive;
        public bool IsAlive
        {
            get {return isAlive;}
            set
            {
                isAlive=value;
                //如果要设置当前对象为死亡,则将当前对象设置为"不可见"
                if (isAlive==false)
                {
```

```csharp
            alien.Visible=false;
        }
    }
}
public Point Location {get; set;}        //对象的坐标
public Size Size {get; set;}             //对象的大小(宽度和高度)
public UserControl alien;                //类成员变量
public AlienWraper(Form canvasHost, Point point)
{
    IsAlive=true;
    alien=CreateAlien();
    Location=point;
    SetObjectLocation();
    canvasHost.Controls.Add(alien);   //将BlueAlien添加到屏幕中
}
protected void SetObjectLocation()
{
    alien.Location=new Point(this.Location.X, this.Location.Y);
}
public abstract UserControl CreateAlien();
//创建一个矩形区域
public virtual Rectangle CreateRect()
{
    //根据对象的坐标和对象的大小创建一个矩形
    return new Rectangle(Location, Size);
}
///<summary>
///检查对象是否发生碰撞
///</summary>
///<param name="wraper"></param>
///<returns></returns>
public bool CheckCollision(AlienWraper wraper)
{
    //获取当前对象的矩形区域
    Rectangle rect=CreateRect();
    //获取入侵对象的矩形区域
    Rectangle rectCheck=wraper.CreateRect();
    //检查2个矩形是否有交叉,如果没有交叉,rect的值是empty
    rect.Intersect(rectCheck);
    //如果rect的值是empty,则返回false,否则返回true
    if (rect !=Rectangle.Empty)
    {return true;}
    else
    {return false;}
  }
 }
}
```

(4) 右击 Helper 文件夹,选择"添加新建项"命令,在"添加新项"对话框中选择"类","名称"设置为 TentWraper,如图 13-7 所示。

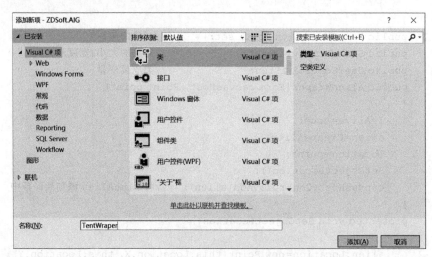

图 13-7 新建 TentWraper 类

(5) 在 TentWraper 中添加如下代码。

```
using System;
using System.Net;
using System.Windows;
using System.Drawing;
using System.Windows.Forms;
using ZDSoft.AIG.Controls;
namespace ZDSoft.AIG.Helper
{
    public class TentWraper: AlienWraper
    {
        public int hitedCount=0;
        //在执行构造函数的同时,执行基类的构造函数
        public TentWraper(Form form, Point point)
            : base(form, point)
        {
            Size=new Size(93, 78);        //初始化遮挡物的大小
        }
        public override UserControl CreateAlien()
        {
            return new ucTent();
        }
        ///<summary>
        ///障碍物被击中 3 次后消失
        ///</summary>
        public void Hited()
        {
            hitedCount++;
```

```
            if(hitedCount>=3)
            {
                this.IsAlive=false;
                this.alien.Visible=false;
            }
        }
    }
}
```

(6)右击 Helper 文件夹,选择"添加新建项"命令,在"添加新项"对话框中选择"类","名称"设置为 ShipWraper,如图 13-8 所示。

图 13-8　新建 ShipWraper 类

(7)在 ShipWraper 类中添加如下代码。

```
using System;
using System.Net;
using System.Windows;
using System.Drawing;
using System.Windows.Forms;
using ZDSoft.AIG.Controls;
namespace ZDSoft.AIG.Helper
{
    public class ShipWraper: AlienWraper
    {
        private int speed=10;           //设置战斗机的移动速度
        //在执行构造函数的同时,执行基类的构造函数
        public ShipWraper(Form canvasHost, Point point) : base(canvasHost, point)
        {
            Location=point;             //初始化时将坐标保存下来
            Size=new Size(57, 94);      //初始化战斗机的大小
```

```csharp
        }
        public override UserControl CreateAlien()
        {
            return new ucShip();
        }
        //向上移动
        public void GoUp()
        {
            //更新当前战斗机的位置
            Location=new Point(Location.X, Location.Y-speed);
            this.alien.Location=Location;
        }
        //向下移动
        public void GoDown()
        {
            //更新当前战斗机的位置
            Location=new Point(Location.X, Location.Y+speed);
            //增大 Y 轴坐标的值,即战斗机向下移动
            alien.Location=Location;
        }
        //向左移动
        public void GoLeft()
        {
            //减小 X 轴坐标的值,即战斗机向左移动
            //更新当前战斗机的位置
            Location=new Point(Location.X-speed, Location.Y);
            alien.Location=Location;
        }
        //向右移动
        public void GoRight()
        {
            //加大 X 轴坐标的值,即战斗机向右移动
            //更新当前战斗机的位置
            Location=new Point(Location.X+speed, Location.Y);
            this.alien.Location=Location;
        }
    }
}
```

(8) 右击 Helper 文件夹,选择"添加新建项"命令,在"添加新项"对话框中选择"类","名称"设置为 BulletWraper,如图 13-9 所示。

(9) 在 BulletWraper 类中添加如下代码。

```csharp
using System;
using System.Net;
using System.Windows;
using System.Windows.Forms;
```

第 13 章 综合实例——"外星人入侵"游戏

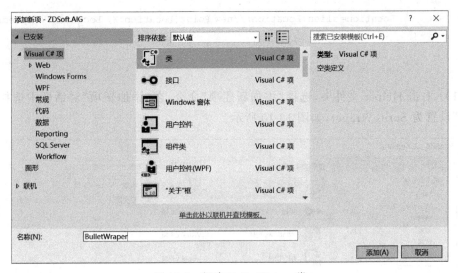

图 13-9 新建 BulletWraper 类

```
using System.Drawing;
using ZDSoft.AIG.Controls;
namespace ZDSoft.AIG.Helper
{
    public class BulletWraper: AlienWraper
    {
        private int speed=30;           //设置子弹移动的速度
        //在执行构造函数的同时,执行基类的构造函数
        public BulletWraper(Form canvasHost, Point point)
            : base(canvasHost, point)
        {
            Location=point;             //初始化时将坐标保存下来
            Size=new Size(7, 16);       //初始化子弹的大小
        }
        public override UserControl CreateAlien()
        {
            return new ucBullet();
        }
        //向上移动
        public void GoUp()
        {
            if (Location.Y<0)           //如果子弹飞到屏幕外
            {
                IsAlive=false;
                this.alien.Visible=true;    //隐藏当前子弹
                return;
            }
            //减小 Y 轴坐标的值,即子弹向上移动
            alien.Location=new Point(this.Location.X, Location.Y-speed);
            //更新当前子弹的位置
```

```
            Location=alien.Location;//new Point(Location.X, Location.Y-speed);
        }
    }
}
```

(10) 右击 Helper 文件夹，选择"添加新建项"命令，在"添加新项"对话框中选择"类"，"名称"设置为 SpriteWraper，如图 13-10 所示。

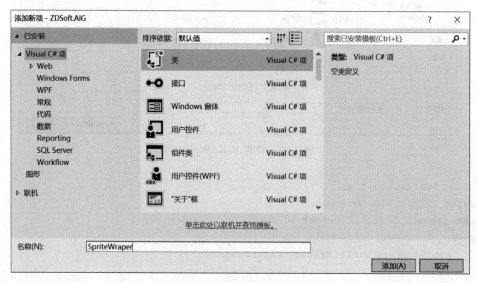

图 13-10　新建 SpriteWraper 类

(11) 在 SpriteWraper 类中添加如下代码。

```
using System;
using System.Net;
using System.Windows;
using System.Windows.Forms;
using System.Drawing;
namespace ZDSoft.AIG.Helper
{
    public class SpriteWraper: AlienWraper
    {
        public double rotateSpeed=2;          //旋转速度
        public double Angle                   //保存外星人当前的角度
        {get; set;}
        public int locationSpeed=2;           //位置偏移速度
        //在执行构造函数的同时,执行基类的构造函数
        public SpriteWraper(Form canvasHost, Point point)
            : base(canvasHost, point)
        {
        }
        public override UserControl CreateAlien()
        {
            return null;
        }
```

```
        public virtual void Rotate()
        {
            this.Angle+=rotateSpeed;    //使外星人的旋转角度按照 rotateSpeed 字段变化
        }
        public void Move()
        {
            //根据偏移速度计算外星人的新位置
            this.Location=new Point(this.Location.X+locationSpeed, this.
                Location.Y);
            SetObjectLocation();        //调用设置对象坐标的方法
        }
        public void Down()
        {
            //根据偏移速度计算外星人的新位置
            this.Location=new Point(this.Location.X, this.Location.Y+70);
            SetObjectLocation();        //调用设置对象坐标的方法
        }
    }
}
```

（12）右击 Helper 文件夹，选择"添加新建项"命令，在"添加新项"对话框中选择"类"，"名称"设置为 GreenAlienWraper，如图 13-11 所示。

图 13-11 新建 GreenAlienWraper 类

（13）在 GreenAlienWraper 类中添加如下代码。

```
using System;
using System.Net;
using System.Windows;
using System.Drawing;
using System.Windows.Forms;
using ZDSoft.AIG.Controls;
namespace ZDSoft.AIG.Helper
```

```
    {
        public class GreenAlienWraper: SpriteWraper
        {
            public GreenAlienWraper(Form canvasHost, Point point)
                : base(canvasHost, point)
            {
                Size=new Size(103, 55);       //初始化外星人的大小
            }
            public override UserControl CreateAlien()
            {
                return new ucGreenAlien();
            }
            public override void Rotate()
            {
                base.Rotate();         //调用基类的 rotate()方法(使角度发生变化)
                //使用变化后的 Angle 设置界面上外星人的旋转角度
                //(this.alien as ucGrenAlien).re.myRotate.Angle=this.Angle;
            }
        }
    }
```

(14) 右击 Helper 文件夹,选择"添加新建项"命令,在"添加新项"对话框中选择"类","名称"设置为 RedAlienWraper,如图 13-12 所示。

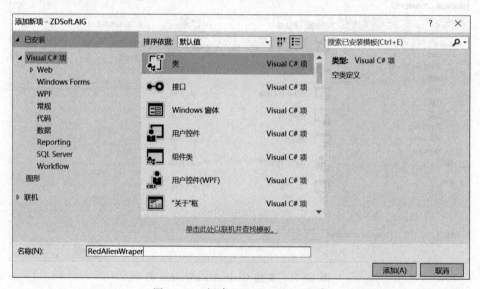

图 13-12　新建 RedAlienWraper 类

(15) 在 RedAlienWraper 类中添加如下代码。

```
using System;
using System.Net;
using System.Windows;
using System.Drawing;
using System.Windows.Forms;
using ZDSoft.AIG.Controls;
```

```
namespace ZDSoft.AIG.Helper
{
    public class RedAlienWraper: SpriteWraper
    {
        public RedAlienWraper(Form canvasHost, Point point)
            : base(canvasHost, point)
        {
            Size=new Size(100, 61);      //初始化外星人的大小
        }
        public override UserControl CreateAlien()
        {
            return new ucRedAlien();
        }
        public override void Rotate()
        {
            base.Rotate();                //调用基类的rotate()方法(使角度发生变化)
            //使用变化后的Angle设置界面上外星人的旋转角度
            //(this.alien as RedAlien).myRotate.Angle=this.Angle;
        }
    }
}
```

（16）右击 Helper 文件夹，选择"添加新建项"命令，在"添加新项"对话框中选择"类"，"名称"设置为 BlueAlienWraper，如图 13-13 所示。

图 13-13 新建 BlueAlienWraper 类

（17）在 BlueAlienWraper 类中添加如下代码。

```
using System;
using System.Net;
using System.Windows;
using System.Drawing;
using System.Windows.Forms;
```

```
using ZDSoft.AIG.Controls;
namespace ZDSoft.AIG.Helper
{
    public class BlueAlienWraper: SpriteWraper
    {
        //在执行构造函数的同时,执行基类的构造函数
        public BlueAlienWraper(Form canvasHost, Point point)
            : base(canvasHost, point)
        {
            Size=new Size(97, 64);        //初始化外星人的大小
        }
        public override UserControl CreateAlien()
        {
            return new ucBlueAlien();
        }
        public override void Rotate()
        {
            base.Rotate();               //调用基类的 rotate()方法(使角度发生变化)
            //使用变化后的 Angle 设置界面上外星人的旋转角度
            //(this.alien as ucBlueAlien).myRotate.Angle=this.Angle;
        }
    }
}
```

13.3.3 添加用户控件

(1) 右击 ZDSoft.AIG 项目,选择添加"新建文件夹"命令,文件夹名称设置为 Controls。

(2) 右击 Controls 文件夹,选择"添加新建项"命令,在"添加新项"对话框中选择"用户控件","名称"设置为 ucShip,如图 13-14 所示。

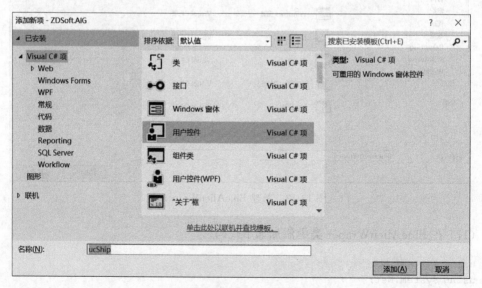

图 13-14 新建 ucShip 用户控件

（3）在"工具箱"中选择 PictureBox，拖动 PictureBox 到 ucShip 用户控件中，设置控件属性如图 13-15 所示。

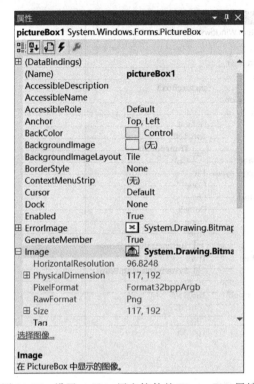

图 13-15　设置 ucShip 用户控件的 PictureBox 属性

（4）右击 Controls 文件夹，选择"添加新建项"命令，在"添加新项"对话框中选择"用户控件"，"名称"设置为 ucTent.cs，如图 13-16 所示。

图 13-16　新建 ucTent 用户控件

255

（5）在"工具箱"中选择 PictureBox，拖动 PictureBox 到 ucTent 用户控件中，设置控件属性如图 13-17 所示。

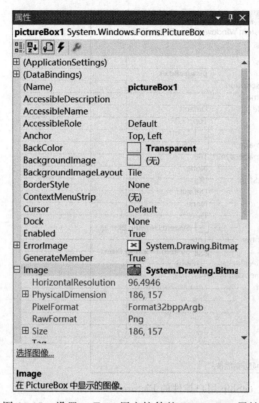

图 13-17　设置 ucTent 用户控件的 PictureBox 属性

（6）右击 Controls 文件夹，选择"添加新建项"命令，在"添加新项"对话框中选择"用户控件"，"名称"设置为 ucBullet，如图 13-18 所示。

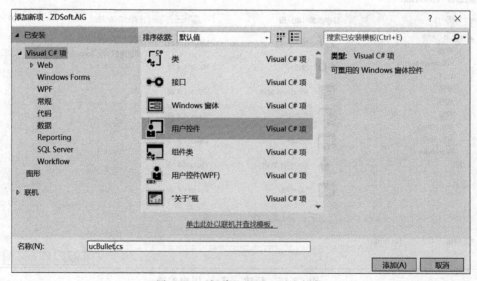

图 13-18　新建 ucBullet 用户控件

(7) 在"工具箱"中选择 PictureBox，拖动 PictureBox 到 ucBullet 用户控件中，设置控件属性如图 13-19 所示。

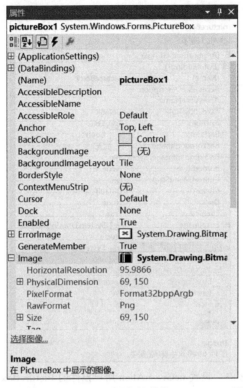

图 13-19　设置 ucBullet 用户控件的 PictureBox 属性

(8) 右击 Controls 文件夹，选择"添加新建项"命令，在"添加新项"对话框中选择"用户控件"，"名称"设置为 ucGreenAlien，如图 13-20 所示。

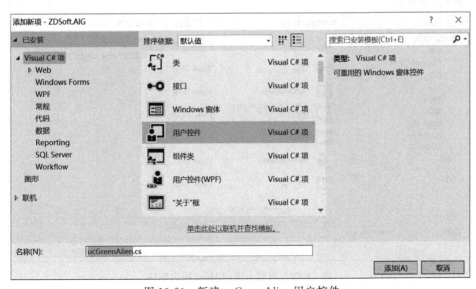

图 13-20　新建 ucGreenAlien 用户控件

（9）在"工具箱"中选择 PictureBox，拖动 PictureBox 到 ucGreenAlien 用户控件中，设置控件属性如图 13-21 所示。

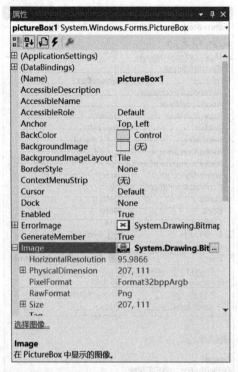

图 13-21　设置 ucGreenAlien 用户控件的 PictureBox 属性

（10）右击 Controls 文件夹，选择"添加新建项"命令，在"添加新项"对话框中选择"用户控件"，"名称"设置为 ucRedAlien，如图 13-22 所示。

图 13-22　新建 ucRedAlien 用户控件

(11) 在"工具箱"中选择 PictureBox，拖动 PictureBox 到 ucRedAlien 用户控件中，设置控件属性如图 13-23 所示。

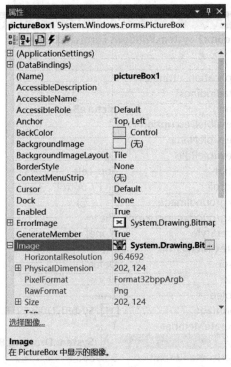

图 13-23　设置 ucRedAlien 用户控件的 PictureBox 属性

(12) 右击 Controls 文件夹，选择"添加新建项"命令，在"添加新项"对话框中选择"用户控件"，"名称"设置为 ucBlueAlien，如图 13-24 所示。

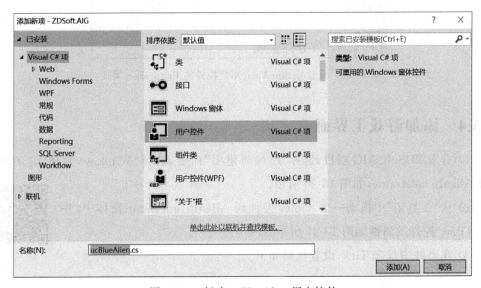

图 13-24　新建 ucBlueAlien 用户控件

（13）在"工具箱"中选择 PictureBox，拖动 PictureBox 到 ucBlueAlien 用户控件中，设置控件属性如图 13-25 所示。

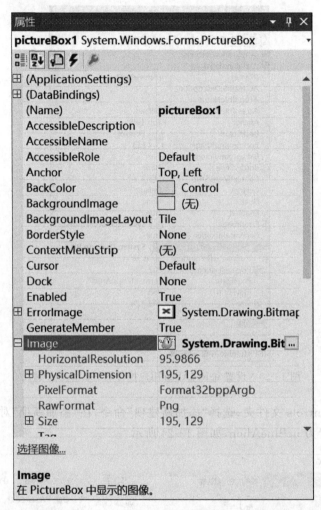

图 13-25 设置 ucBlueAlien 用户控件的 PictureBox 属性

13.3.4 添加游戏主界面

（1）右击 ZDSoft.AIG 项目，选择"添加新建项"命令，选择"Windows 窗体"，"名称"设置为 AlienInvadeGame，如图 13-26 所示。

（2）从"工具箱"中拖动一个 Timer 控件到 AlienInvadeGame 窗体中，并设置 Timer 控件的属性如图 13-27 所示。

（3）在事件中双击 Tick，设置代码如下。

第 13 章 综合实例——"外星人入侵"游戏

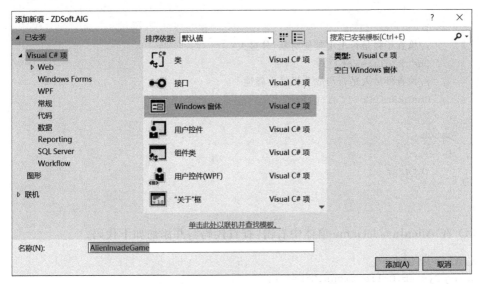

图 13-26 新建 AlienInvadeGame 窗体

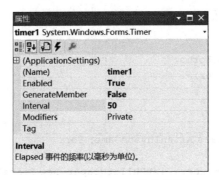

图 13-27 设置 Timer 控件的属性

```
private void timer1_Tick(object sender, EventArgs e)
{
    try
    {
        //调用移动外星人的方法
        TransformAlien();
        //检验外星人是否到达边界
        CheckAlienReachBorder();
        //更新所有子弹的 Y 轴坐标
        foreach (BulletWraper wraper in listBulletWraper)
        {
            //如果子弹在屏幕内
            if (wraper.IsAlive)
            {
                //更新它的位置
                wraper.GoUp();
```

```csharp
            }
        }
        //检查子弹是否击中其他对象(外星人)
        CheckCollision();
        //检查外星人是否与战斗机发生碰撞
        CheckShipCollision();
    }
    catch
    {
        return;
    }
}
```

(4) 在 AlienInvadeGame 窗体中右击"查看代码",并添加如下代码。

```csharp
using System;
using System.Collections.Generic;
using System.ComponentModel;
using System.Data;
using System.Drawing;
using System.Linq;
using System.Text;
using System.Windows.Forms;
using ZDSoft.AIG.Helper;
using System.Media;
namespace ZDSoft.AIG
{
    public partial class AlienInvadeGame: Form
    {
        IList<BulletWraper>listBulletWraper=new List<BulletWraper>();
                                                                        //放置子弹
        IList<TentWraper>listTentWraper=new List<TentWraper>();    //放置遮挡物
        IList<AlienWraper>listAlien=new List<AlienWraper>();       //放置外星人
        ShipWraper ship;                //放置战斗机
        public AlienInvadeGame()
        {
            MessageBox.Show("游戏即将开始,请做好准备!");
            InitializeComponent();
            CreateTent();           //创建遮挡物
            CreateShip();           //创建战斗机
            CreateAlien();          //创建外星人
        }
        ///<summary>
        ///创建遮挡物
        ///</summary>
        private void CreateTent()
        {
            for (int i=0; i<=4; i++)
            {
                //设置遮挡物的坐标
```

```csharp
            Point point=new Point(70+250 * i, 400);
            //将遮挡物实例化后放置到屏幕上
            this.listTentWraper.Add(new TentWraper(this, point));
        }
    }
    ///<summary>
    ///创建战斗机
    ///</summary>
    private void CreateShip()
    {
        //设置遮挡物的坐标
        Point point=new Point(600, 550);
        //将遮挡物实例化后放置到屏幕上
        ship=new ShipWraper(this, point);
    }
    ///<summary>
    ///创建外星人
    ///</summary>
    private void CreateAlien()
    {
        Point point=new Point();
        AlienWraper wraper=null;
        //创建两行蓝色外星人；
        for (int i=0; i<10; i++)
        {
            //设置一个屏幕坐标
            point=new Point(50+100 * i, 0);
            wraper=new BlueAlienWraper(this, point);
            listAlien.Add(wraper);
            //设置一个屏幕坐标
            point=new Point(50+100 * i, 70);
            wraper=new BlueAlienWraper(this, point);
            listAlien.Add(wraper);
        }
        //创建两行绿色外星人；
        for (int i=0; i<10; i++)
        {
            //设置一个屏幕坐标
            point=new Point(50+100 * i, 140);
            wraper=new GreenAlienWraper(this, point);
            listAlien.Add(wraper);
            //设置一个屏幕坐标
            point=new Point(50+100 * i, 210);
            wraper=new GreenAlienWraper(this, point);
            listAlien.Add(wraper);
        }
        //创建一行红色外星人；
        for (int i=0; i<10; i++)
        {
            //设置一个屏幕坐标
            point=new Point(50+100 * i, 280);
```

```csharp
            wraper=new RedAlienWraper(this, point);
            listAlien.Add(wraper);
        }
    }
    //方向键不会触发keydown事件,需重写基类
    protected override bool ProcessDialogKey(Keys keyData)
    {
        if (keyData==Keys.Left || keyData==Keys.Right || keyData==Keys.Up ||
           keyData==Keys.Down||keyData==Keys.Space)
        {
            MoveShip(keyData);
            return false;
        }
        else
        {
            return base.ProcessDialogKey(keyData);
        }
    }
    ///<summary>
    ///战斗机移动
    ///</summary>
    ///<param name="e"></param>
    private void MoveShip(Keys e)
    {
        try
        {
            switch (e)
            {
                //按下向上键
                case Keys.Up:
                {
                    //战斗机没有到达顶部边界
                    if (ship.Location.Y>0)
                    {
                        ship.GoUp();
                    }
                    break;
                }
                case Keys.Down:
                {
                    //如果"战斗机的Y轴+战斗机的高度"小于屏幕高度,则可以向下移动
                    if ((ship.Location.Y+ship.Size.Height)<this.
                       Height-35)
                    {
                        ship.GoDown();
                    }
                    break;
                }
                case Keys.Left:
                {
                    //如果战斗机的X轴大于0,则可以向左移动
```

```csharp
                    if (ship.Location.X>0)
                    {
                        ship.GoLeft();
                    }
                    break;
                }
                case Keys.Right:
                {
                    //如果"战斗机的X轴+战斗机的宽度"小于屏幕宽度,则可以向右移动
                    if ((ship.Location.X+ship.Size.Width)<this.Width)
                    {
                        ship.GoRight();
                    }
                    break;
                }
                case Keys.Space:                            //按下空格键
                {
                    CreateBullet();                         //创建子弹
                    //CreateSound(mediaBullet);             //发出声音
                    break;
                }
            }
        }
        catch
        {
            return;
        }
    }
    ///<summary>
    ///创建子弹
    ///</summary>
    private void CreateBullet()
    {
        Point point=new Point(ship.Location.X+20, ship.Location.Y);
        //在战斗机的位置上创建一颗子弹
        listBulletWraper.Add(new BulletWraper(this, point));
    }
    private void timer1_Tick(object sender, EventArgs e)
    {
        try
        {
            //调用移动外星人的方法
            TransformAlien();
            //检验外星人是否到达边界
            CheckAlienReachBorder();
            //更新所有子弹的Y轴坐标
            foreach (BulletWraper wraper in listBulletWraper)
            {
                //如果子弹在屏幕之内
                if (wraper.IsAlive)
                {
```

```csharp
                //更新它的位置
                wraper.GoUp();
            }
        }
        //检查子弹是否击中其他对象(外星人)
        CheckCollision();
        //检查外星人是否与战斗机发生碰撞
        CheckShipCollision();
    }
    catch
    {
        return;
    }
}
///<summary>
///外星人移动
///</summary>
private void TransformAlien()
{
    try
    {
        foreach (SpriteWraper sprite in this.listAlien)     //遍历所有外星人
        {
            //如果外星人死了,则不旋转
            if (sprite.IsAlive==false) {continue;}
            sprite.Move();                                  //移动外星人
        }
    }
    catch
    {
        return;
    }
}
///<summary>
///检查外星人是否到达边界
///</summary>
private void CheckAlienReachBorder()
{
    try
    {
        //获取屏幕的真实宽度
        double screenWidth=this.Width;
        //遍历所有外星人
        foreach (SpriteWraper sprite in this.listAlien)
        {
            //如果外星人死了则跳过
            if (sprite.IsAlive==false) {continue;}
            //到达右边边界
            if ((sprite.Location.X+sprite.Size.Width)>screenWidth)
            {
                //将所有外星人下移,下移后精灵向左边移动
```

```csharp
                    DownAlien(-2);
                    break;
                }
                //如果某个精灵的X轴坐标小于0,说明到达了左边边界
                else if (sprite.Location.X<0)
                {
                    //将所有外星人下移,然后将精灵向右边移动
                    DownAlien(2);
                    break;
                }
            }
        }
        catch
        {
            return;
        }
    }
    ///<summary>
    ///所有外星人下移后,移动速度设置为2像素
    ///</summary>
    ///<param name="speed"></param>
    private void DownAlien(int speed)
    {
        foreach (SpriteWraper sprite in this.listAlien)    //遍历所有外星人
        {
            if (sprite.IsAlive==false) {continue;}          //如果外星人死了则跳过
            sprite.locationSpeed=speed;                     //设置外星人向左移动
            //sprite.rotateSpeed=speed;                     //设置外星人逆时针旋转
            sprite.Down();                                  //调用外星人下移的方法
        }
    }
    ///<summary>
    ///检查是否击中外星人
    ///</summary>
    private void CheckCollision()
    {
        //用若干颗子弹检查是否击中其中的一个对象(外星人)
        foreach (BulletWraper bullet in this.listBulletWraper)
        {
            //如果子弹无效,则用下一颗子弹检查
            if (bullet.IsAlive==false) {continue;}
            //遍历所有的遮挡物,用当前子弹检查是否击中
            foreach (TentWraper tent in this.listTentWraper)
            {
                //如果当前遮挡物不存在,则用子弹检查下一个
                if (tent.IsAlive==false) {continue;}
                if (tent.CheckCollision(bullet))
                {
```

```csharp
                tent.Hited();
                //发出击中遮挡物的声音
                //tentSound.PlaySync();
                bullet.IsAlive=false;        //设置子弹无效
                break;
            }
        }
        if (bullet.IsAlive==false) {continue;}
        //用当前子弹遍历所有的外星人,检查是否击中
        foreach (AlienWraper alien in this.listAlien)
        {
            //如果当前外星人死亡,则用子弹检查下一个
            if (alien.IsAlive==false) {continue;}
            //检查子弹是否击中当前外星人
            if (alien.CheckCollision(bullet))
            {
                //发出击中的声音
                alien.IsAlive=false;         //设置当前外星人死亡
                bullet.IsAlive=false;        //设置当前子弹无效
                //bulletSound.PlaySync();
                break;                       //跳出当前循环
            }
        }
    }
}
///<summary>
///检查外星人是否与战斗机发生碰撞
///</summary>
private void CheckShipCollision()
{
    foreach (SpriteWraper sprite in this.listAlien)      //循环遍历所有外星人
    {
        if (!sprite.IsAlive)                             //如果当前外星人死了,检查下一个
        {
            continue;
        }
        if (sprite.CheckCollision(ship))    //如果当前外星人与战斗机发生碰撞
        {
            GameOver();//游戏结束
            break;
        }
    }
}
///<summary>
///游戏结束,释放资源
///</summary>
private void GameOver()
{
```

```
            this.listAlien=null;              //清空变量,释放内存
            this.listBulletWraper=null;       //清空变量,释放内存
            this.listTentWraper=null;         //清空变量,释放内存
            this.ship=null;                   //清空变量,释放内存
            this.Controls.Clear();            //清除屏幕上所有元素
            MessageBox.Show("游戏结束!");
            return;
        }
    }
}
```

（5）程序运行后即可得到需要的效果。

13.4　小结

本章通过"外星人入侵"游戏，从需求分析到详细设计，再到编码实现，都进行了较详细的介绍，并将控件的使用、面向对象相关知识（包括类、对象、封装、继承、多态）综合应用到游戏实现过程中。通过本章的学习，读者可以从整体上进一步理解面向对象编程的概念，并加深对全书知识的理解和应用。

思考

1. 如何实现两个玩家同时玩游戏？
2. 如何实现联机玩游戏？需要用到哪些知识点？
3. 如何实现游戏关卡、升级？

参 考 文 献

[1] Daniel M.Solis.C#图解教程[M].4版.姚琪琳,等,译.北京:人民邮电出版社,2012.
[2] 罗福强,等.Visual C#.NET程序设计教程[M].北京:人民邮电出版社,2012.
[3] 马骏.C#程序设计及应用教程[M].北京:人民邮电出版社,2014.
[4] 陈向东,等.C#面向对象程序设计案例教程[M].2版.北京:北京大学出版社,2015.
[5] 王文琴,等.面向对象程序设计(C#.NET)[M].北京:电子工业出版社,2015.
[6] 杨洋.SQL Server 2008数据库实训教程[M].北京:清华大学出版社,2016.
[7] 郑宇军.C#面向对象程序设计[M].2版.北京:人民邮电出版社,2016.
[8] 甘勇,尚展垒.C#程序设计(慕课版)[M].北京:人民邮电出版社,2016.
[9] 罗富强,李瑶.C#程序开发教程[M].北京:人民邮电出版社,2017.
[10] 喻钧,白小军.ASP.NET Web应用开发技术[M].北京:清华大学出版社,2017.
[11] 丁允超,汪忆,等.ASP.NET Web程序设计[M].北京:清华大学出版社,2017.
[12] 尚展垒,唐思均,等.ASP.NET程序设计(慕课版)[M].北京:人民邮电出版社,2018.
[13] 刘瑞新,等.面向对象程序设计教程(C#版)[M].北京:机械工业出版社,2018.